INDEX

CARLOS SHERMAN

INDEX

A Coragem da Verdade

Coordenação e Produção: O AUTOR
Capa: O AUTOR
Editoração e Preparação: O AUTOR
Revisão: O AUTOR
Divulgação e Secretariado: O AUTOR

[2ª Edição (Revisão 01) - 2019]
'INDEX – Acoragem da Verdade [Miolo] Ed 2 Rv 01.PDF'
'INDEX – Acoragem da Verdade [Miolo] Ed 2 Rv 01.DOCX'

Dados Internacionais de Catalogação na Publicação
(Padrão CIP; Câmara Brasileira do Livro, SP, Brasil)

Sherman, Carlos
INDEX – A CORAGEM DA VERDADE / Carlos Sherman; organização Carlos
Sherman, São Paulo : Publicação Independente, 2019.

ISBN [KDP 9781701655041 - Independly Published]

1. Ensaios Brasileiros 2. Crônicas Científicas 3. Divulgação Científica 4. Ciência e
Religião 5. Filosofia 6. Retórica 7. Ética 8. Valores Morais 9. Justiça 10. Psicologia Social
11. Psicologia Evolucionária 12. Evolução Humana 13. Genética do Comportamento 14.
Genética de Populações 15. Neurociência Cognitiva 16. Teoria do Conhecimento 17.
Psicologia 18. Sociobiologia 19. Antropologia 20. Mitologia 21. Epistemologia 22. Crenças
23. Superstições 24. Metafísica 25. História 26. História da Ciência 27. Neurofisiologia 28.
Paleantropologia 29. Etologia 30. Paleontogenética I. Título

NN-NNNN   CDD-NNN.N

Índice para catálogo sistemático:
1. Ciência: Cosmologia: Ética e Filosofia   NNN.N

FOTO CAPA:

[2019]
Todos os direitos desta edição reservados ao autor
São Carlos - SP
Telefone: +55 (16) 99799-4930 / 99175-2777 (Whatsapp)
ComSCIENTIA (www.carlossherman.com)

*Dedicado ao meu amado pai, o Coronel Sherman...
Tenho os genes de sua personalidade e o exemplo de sua
honradez. A coragem em seu caráter fará com que se
sinta em boa companhia através destas páginas que
percorrem a linda saga do entendimento humano sobre
o nosso endereço cósmico. Obrigado por tudo!*

O que seria da história, sem a dependência da veracidade do historiador, se baseados na mera experiência, o que teria sido da humanidade?

David Hume

Sumário

Nota do Autor: Crônicas Filosóficas e de Divulgação da Ciência

Cumpre-me esclarecer vossa curiosidade antes de quaisquer outras palavras:

FOTO DA CAPA: Nebulosa de Helix ou NGC 7293 - A Nebulosa Helix é uma 'celebridade' cósmica e merece os holofotes frequentemente apontados para si, sendo fotografada incansavelmente por astrônomos profissionais e amadores em função de sua magnificência, suas cores vivas, e a inescapável semelhança com um olho gigante. A Nebulosa de Helix foi descoberta ainda no século XVIII, está localizado a cerca de 650 anos-luz de distância da Terra, na constelação de Aquário, e pertence a uma classe de objetos chamados de 'nebulosas planetárias'. Nebulosas planetárias são complexos remanescentes de estrelas que morrem expelindo material e camadas gasosas em seu espaço no exterior; Estas camadas são aquecidas pelo calor do núcleo da estrela morta e brilham como radiação infravermelha, sendo este o caso. A luz infravermelha nas camadas gasosas externas é representada em azul e verde; a estrela remanescente, uma anã branca, está representada por um pequeno ponto branco no centro da fotografia. A coloração vermelha no meio do olho representa os resquícios finais das camadas de gás insuflados pela morte da estrela. O círculo vermelho brilhante no centro é o brilho de um disco de poeira em torno da anã branca. Todos os planetas dentro deste sistema estelar foram naturalmente pulverizados e aniquilados quando o volume da estrela moribunda foi inflado no estágio de gigante vermelha, pouco antes do cataclismo final. O nosso Sol caminha para o mesmo destino, quando cumprir o seu ciclo de vida estelar, isso em cerca de cinco bilhões de anos - estamos na meia-idade do Sol. Esta espetacular imagem foi tirada pelo telescópio espacial Spitzer.

Evoluímos *culturalmente* pelo acúmulo de conhecimento *extracorpóreo*; ou, dito de outra forma, a partir de conhecimentos *anotados* pela geração predecessora. Isso não evoca um apelo à tradição, e ao contrário; até porque, se mantido intocado o *primeiro* rito da tradição, nunca evoluiremos, estancando no primeiro passo... O objetivo deste trabalho é apaixoná-lo pelo conhecimento e pela realidade, instigando-o a contribuir nesta maravilhosa e interminável obra.

Entre 17 e 18 anos, quando ingressei no curso de Engenharia Mecânica – mais tarde convertido em Engenharia Eletrônica - na UnB em Brasília, percebi que, de certa forma, *tudo o que eu sabia parecia estar errado* - e de fato estava; e isso foi tão assustador quanto estimulante, e não recuei diante do desafio. Mas foi somente aos 23 anos, e fora de casa, enquanto estudava Estatística no IMEC [Instituto de Matemática, Estatística e Computação Científica], na Unicamp em Campinas/SP, que pude *começar a engatinhar novamente – e conto mais de 30 anos* **aprendendo a aprender**...

O conjunto das obras às quais me dedico, sob a égide de um *projeto* - *ComSCIENTIA* -, é o resultado desta apaixonante e abnegada jornada através de um vasto território de pesquisas multidisciplinares: *História Geral, História da Filosofia, Filosofia, Epistemologia, Sociobiologia, Antropologia, Mitologia, Climatologia, Arqueologia, Paleoantropologia, Paleogenética, Cosmologia, Astronomia, Astrobiologia, Física Clássica, Relativística, Quântica, Química, História e Filosofia da Ciência, Psicologia Evolucionária, Psicologia Social, Neuropsicologia, Neurofisiologia, Neurociência Cognitiva, Biologia Evolucionionária, Biologia Molecular, Etologia, Citologia, Embriologia, Genética, Genética Comportamental, Epigenética, Probabilidade e Estatística, Música, Poesia, Literatura, Enologia et Cetera...*

Sou um investigador acadêmico. O presente trabalho é um subproduto desta coleção de artigos e *crônicas científicas* publicadas ao longo de minha vida; e, dito de outra forma, trata-se do compêndio de meu aprendizado. E continuo ávido e admirado, arquejando pela estrada do conhecimento, e sempre a postos quando o assunto é o ENDEREÇAMENTO DA VERDADE. E vou por aí, aprendendo, para então contribuir com um olhar mais aguçado sobre as questões interferem diretamente na vida, e trabalhando por um mundo sempre melhor...

A organização dos *livros* consumiu mais de 15 anos, entre a redação, arte e revisão; produzindo um acervo com quase 18.000 páginas. A presente obra decorre de 3 intensos anos em pesquisas, estruturação, montagem e escrita; e consumiu mais de 8 meses em revisões – que não acabam até hoje. E sei que muito trabalho ainda precisaria ser feito, afinal a Cosmologia e a Física de Partículas estão entre as áreas mais vigorosas e dinâmicas do conhecimento; mas chegou a hora de *parir* mais este livro.

Este é o meu décimo livro, *FIAT LUX – O Homem, Memória do Universo*, e regressa às origens do Universo para contar, por meio do *corpus* do conhecimento humano, esta *luminosa estória da História*. O Homem é, portanto, *a Memória do Universo*.

Espero ao longo do que se segue, haver contribuído para a divulgação científica, observando a Ética e as melhores práticas consagradas pelo ceticismo científico, e contribuindo em *endereçar a verdade*; citando as fontes, sempre que possível, e enfatizando, quando necessário, os limites de validez de minhas informações e observações; indicando quando os resultados forem parciais, provisórios, ou inconclusos, e trazendo à tona eventuais contraditórias às minhas próprias conclusões - sempre que tais refutações estiverem no limite de converterem-se em novas e melhores descrições da realidade.

O meu objetivo é apaixoná-lo pela Realidade!

Não obstante, trata-se também de um livro de crônicas filosóficas, e que almeja abordar questões colaterais relacionadas aos domínios subjetivos da temática *dita* existencialista e/ou metafísica, além da importante introspecção epistemológica – esta sim eminentemente *filosófica*. Não tenho a pretensão de estabelecer tratados acadêmicos e ao contrário; apresento os temas em linguagem direta e descontraída, e citando entre verbetes e aforismos clássicos letras de música e excertos poéticos; *pois, assim como Fernando Pessoa*, considero a arte como resultado do mais elevado ato intelectual, e o pensamento e a reflexão como o resultado do mais elevado ato de sensibilidade artística...

> *A maioria pensa com a sensibilidade, eu sinto com o pensamento. Para o homem vulgar, sentir é viver e pensar é saber viver. Para mim, pensar é viver e sentir não é mais que o alimento de pensar. - Fernando Pessoa (Livro do Desassossego)*

Peremptoriamente, reclamo o direito de abolir a Reforma Ortográfica em alguns casos clássicos e específicos, como o uso de hifens. Também insisto em manter a distinção entre *estória* e *História*. A descontração da proposta avança sobre a liberdade estilística e no uso de alguns neologismos; assim como no abuso de expressões em latim – sempre que contribuírem *com a poesia histórica*. Devo ainda confessar o hábito, que me persegue nas últimas décadas, de terminar as algumas frases com *três pontinhos*; tal recurso está incorporado ao meu modo de pensar, indicando uma pausa respiratória ou para reflexão, um enlevo na intensidade dramática, ou apenas *deixando tudo no ar*.

Procurei apresentar todas as referências bibliográficas no decorrer do livro, ou pelo menos constando a autoria; também optei por não apresentar um índice remissivo, e na verdade, como *one man band*, faltou-me tempo para fazê-lo.

Recuso, para todos os fins, a distinção entre Ciências Humanas e Exatas – ou é Ciência ou não é! Também costumo assinalar que todas as *Ciências* têm a sua *gênese* no esforço e nas paixões humanas, *Lato Sensu*; e nenhuma *Ciência* instigou tais paixões humanas, *Stricto Sensu*, pelo apelo obtuso à *exatidão*, como querem uns, ou ao dogma, como pretendem outros.

O *relativismo* e o *apelo à contextualização* ficam definitivamente do lado de fora. Estamos aqui para um relato sobre a LEITURA DA REALIDADE; que viajou ao longo da História em uma rota diametralmente oposta à INVENÇÃO DA REALIDADE. Denuncio aqui, e sempre, o recurso da autoridade, convidando o livre-pensamento contra a submissão cativa.

Necessitamos mais do que nunca *saber como*, e para isso devemos desafiar – antes de tudo - a primeira impressão do *saber que*. O terreno moderno é exuberante para o conhecimento, e árido para antigas e opressivas *leis sagradas*. Inventamos a Ciência, *pois*, para testar a nossa LUCIDEZ... e assim promover o *bom entendimento* e a *justiça*. E que assim seja! Desejamos nos tornar *cientes* porque necessitamos conhecer *"a ficha do órfão" (Sagan)* – *nossa estória dentro da História*. E este é, parafraseando Schrodinger, o único e verdadeiro papel da CIÊNCIA.

Peço antecipadas e reiteradas desculpas pelos eventuais erros de digitação nesta primeira edição. Trabalhei sozinho e apesar de todo o empenho ao longo várias e intermináveis revisões – onde, de 10 a 20 páginas eram incrementadas a cada sentada - sempre ficava a impressão de que ainda faltava algo; mas, e como disse, precisava desencantar e publicar esta obra.

No memorável prefácio da obra *post mortem* de Carl Sagan, *Variedades da Experiência Científica – Uma visão pessoal da busca por deus (2006)*, assinado por sua esposa, companheira, e coautora, Ann Druyan; ela esclarece que Sagan – ganhador do prêmio Pulitzer – jamais publicou quaisquer de suas obras sem antes *"revisar a pente fino no mínimo vinte ou vinte e cinco vezes, cada manuscrito, em busca de erros ou infelicidades de estilo"*. E mesmo assim, e contando com o apoio de revisores, diagramadores, e consultores, as edições eram necessárias e apinhadas de correções; e este será forçosamente o meu caso, ressaltando mais uma vez que trabalho sozinho, e em algum ponto minha mente já está viciada nos textos, sendo incapaz de proceder a necessária autocrítica.

Gostaria de justificar antecipadamente - e em especial -, a variação estilística e de humor ao longo de centenas de páginas e com mais de 190.000 palavras escritas. Depois de muito penar, pude identificar alguns padrões em meu comportamento: (1) quando estou tratando de temas científicos adoto uma posição didática e serena; (2) quando estou tratando de casos de violência contra a mulher, contra crianças, contra seres vivos, contra a esperança, contra a justiça, casos de charlatanismo, estelionato etc., adoto uma posição mordaz e agressivamente crítica; (3) finalmente, quando trato de questões religiosas, ditas "espirituais", "esotéricas" – desde que não estejam enquadradas no item anterior - valho-me de deslavada irônica e comentários pícaros, já que tais preceitos ditos sagrados não me inspiram mais do que risos e lágrimas, indo do patético ao trágico em um punhado de lendas e fábulas, que muito prejuízo trouxeram à nossa cansada, porém vitoriosa, humanidade.

Mas enfim, este sou eu!

Quando a saga do Conhecimento Humano foi deflagrada, o que se viu foi o abuso da autoridade *dita* filosófica e a posterior evocação de uma certa *ciência de catedral*. Esta obra trata da Ciência como atitude para a vida e diante da vida; a *nobre atitude de tomar ciência, ou de tornar-se ciente PELA PROVA* – por meio de evidências, fatos, e como disse antes: *endereçando a verdade*. E *feliz do homem que pode optar pela verdade*, um conceito que faz toda a diferença em minha vida, e fez toda a diferença para a humanidade. Sim...

FELIZ DO HOMEM QUE PODE OPTAR PELA VERDADE.

Pretendo conduzi-los por uma deliciosa investigação sobre as origens do Universo, enquanto assomo aos ombros de gigantes. Esta é a proposta deste livro, estimular vossa opção pela verdade, exorcizando o medo, desconstruindo mitos, descortinando ilusões, e demonstrando a importância do *saber como* - e além dos limites do *saber que* para que sejamos melhores cidadãos; e assim *saber* de fato o que melhor cabe ao bem-estar comum, em um processo lúcido e sensato de melhoramento contínuo. *Façamos o bem apenas pelo bem de fazer; porque fazer o bem faz bem – neurofisiologicamente falando...*
E vamos de volta ao *começo do começo do começo...*

FIAT LUX – *O Homem, Memória do Universo*

Carlos Sherman

Prólogo: *Narratio Prima*

O homem teceu uma rede, e lançou essa rede sobre os céus, que agora são dele.
John Donne

O tempo e o espaço são modos de pensar, e não estados em que vivemos.
Albert Einstein

Durante séculos, um conflito mortal foi trazido entre homens e mulheres corajosos, de pensamento e de engenhosidade, de um lado; e do outro lado, as massas ignorantes e serviços religiosos. Essa é a guerra entre ciência e fé. Somos poucos, e temos apelado à razão, à honra, direito, liberdade, conhecimento e felicidade de estar aqui neste mundo.
Os outros, muitos, têm apelado para o preconceito, o medo, o milagre, a escravidão, para o desconhecido, e as misérias consequentes. Dissemos 'Pensem', e eles disseram, 'Acreditem'.
Robert Green Ingersoll
(1872)

O judeu húngaro Arthur Koestler (1905-1983), nacionalizado inglês, foi um gigante de grande envergadura, notabilizado por destacar a grandiosidade de outros gigantes da humanidade. Koestler é imprescindível quando me dedico a contar a História de Ciência movida pelas paixões dos homens. Ele, que foi casado 3 vezes, desfrutaria de inúmeras e variadas experiências amorosas, e entre elas um tórrido romance com Simone de Beauvoir, para morrer lado-a-lado com sua derradeira cúmplice e companheira.

Na tarde de 1 de março de 1983, em sua casa em *Montpelier Square*, Londres, o escritor e sua esposa, Cynthia Jefferies, ingeriram diversas colheradas de uma mistura de mel e barbitúricos, suficientes para delimitar suas vidas. Aos 77 anos, Koestler estava terrivelmente afetado tanto pelo mal de Parkinson como pela leucemia. Em sua carta de despedida, disse:

"Depois de haver sofrido uma deterioração física mais ou menos constante durante os últimos anos, o processo chegou agora a um estado agudo com complicações adicionais, que tornam recomendável buscar agora a autoliberação, antes que me encontre incapaz de tomar as medidas necessárias [...]."

Sua amada, Cynthia, limitou-se a dizer que:

"Sem dúvida, não posso viver sem Arthur."

Em vida, ele nos daria seu testemunho da História por meio de diversas obras, entre elas *'O Homem e o Universo'*, o qual disponho da segunda edição publicada no Brasil em 1989. Deste manancial provém boa parte do material deste capítulo, e deste ponto em diante:

> *Não se encontram os nomes de Copérnico, Galileu, Descartes e Newton no índice da versão resumida, de cerca de seiscentas páginas, de 'A Study of History, por Arnold Toynbee. Este exemplo, dentre muitos, bastaria para o mostrar o vão que ainda separa as Humanidades da Filosofia da Natureza.*

Lembrando a Londres que abrigaria Koestler e seu destino shakespeariano, e quando releio o termo "vão", não posso me furtar de recordar, como turista, a gravação tão habitual aos passantes cotidianos do metrô desta capital:

> *Mind the gap!*

Cuidado com o vão! Aqui, o vão do conhecimento, o vão do entendimento, a lacuna que teima em ser ocupada por arbítrios, dogmas e autoridade. Galileu nos alertaria sobre os riscos de nossa própria *psicologia* – hoje, neuropsicologia -, quando denunciado o movimento hipnótico das "massas ignorantes e supersticiosas". Não comparto de muitas conclusões de Koestler, sobretudo no campo neuropsicológico, afinal ele infelizmente não viveria para conhecer a Neurociência; mas respeito o seu trabalho historiográfico, e trato de dignificar mais uma vez o seu esforço.

Copérnico ressuscita as ideias de Aristarco acidentalmente. Ao tentar "salvar o fenômeno" e o perfeccionismo platônico, enquanto lutava com as falhas no modelo ptolomaico, o conservador Nicolau teria se tornado involuntariamente o revolucionário Copérnico, reacendendo o "fogo interior" pitagórico. Agora Aristarco estava a um passo de ser redescoberto.

Nicolau Copérnico nasceu em 1473, em *Toruń*, hoje Polônia, localizada às margens do rio Vístula. Este era o tempo de Erasmo de Roterdã (1466-1536), o teólogo, humanista, e livre-pensador holandês, que traduziria o *'Novo Testamento'* do grego, revelando as falsificações contidas na *'Vulgata'*; este passo contribuiria muito mais em libertar o pensamento humano dos grilhões da crença, do que os panfletos de Lutero que circulavam no mesmo período. E este também foi um tempo de redescobertas da Antiguidade Clássica, e os hipocráticos e pitagóricos tinham a sua vez. Este era o tempo de Michelangelo, entretido com seus afrescos no teto da *Cappella Sistina*, compartilhando as paredes do Palácio Apostólico com Rafael, Bernini e Botticelli. Era o tempo de Da Vinci, filho ilegítimo de um notário e uma camponesa; um estupendo cientista e livre-pensador, notabilizado por seu discutível – embora inestimável - talento artístico. Sua *'Mona Lisa'*, sua *'A Última Ceia'*, seu *'Homem Vitruviano'*, só podem ser comparados, em mais valia, à 'Criação de Adão' por seu rival.

Os dominicanos alemães vociferavam denúncias contra toda e qualquer iniciativa intelectual de consultar textos em grego ou hebraico; o monge Simão de Grunau rosnava:

"Alguns nunca viram judeus nem gregos, e, no entanto, leem o hebraico e o grego nos livros [...]. Estão possuídos."

É difícil definir quem realmente estava possuído, ou necessitando de uma prescrição massiva de Haldol. Ao que o filósofo da Ciência e matemático Alfred Whitehead (1861-1947) observaria:

"[...] por volta de 1500, a Europa sabia menos do que Arquimedes, que morreu em 212 AEC."

Subtraído certo exagero, os obstáculos declarados ao conhecimento, tinham nome e endereço: Roma - isso porque o papado em Avignon, durante o século XIV, estava definitivamente encerrado. Era proibido pensar.

E ainda assim, este foi o tempo do grande renascimento europeu. Este foi o tempo que antecedeu aos horrores do maniqueísmo e da polarização entre Reforma e Contrarreforma, um suspiro de liberdade antes da Inquisição e o *Index Librorum Prohibitorum*, criado em 1559. É neste cenário que a única obra de Copérnico é publicada por seus discípulo e entusiasta Rethicus: *'De Revolutionibus Orbium Coelestium'* [*'Sobre as Revoluções das Esferas Celestes'*].

Estes manuscritos seriam trabalhados e cuidadosamente revisados enquanto Copérnico residia em um modesto aposento na torre da fortificação que salvaguardava a catedral de Frauenburg, onde ocupava o monótono cargo de cônego – entre dezessete pares. Suas funções incluíam a cobrança de impostos e aluguéis, e outras receitas clericais. Daí, Copérnico podia contemplar o céu noturno, e maravilhar-se com uma ampla visão panorâmica do Báltico, conjugada a uma fértil planície.

O astrônomo tinha tempo de sobra, e por volta de 1530 havia completado sua obra; tratou então de guardá-la à sete chaves. Afinal, não era prudente, enquanto Lutero desafiava Roma, revelar conceitos sobre o sistema ptolomaico. Tratou então de circular uma espécie de *"balão de ensaio"*, o *'Commentarioulus'*, ou:

"Um breve esboço das hipóteses de Nicolau Copérnico sobre os movimentos celestes."

E aqui segue sua introdução histórica:

"Tendo notado tais defeitos, pus-me a refletir se não haveria, talvez, uma disposição mais sensata de círculos [...] na qual tudo se moveria uniformemente em torno do seu próprio centro, como requer a regra do movimento absoluto."

Afirmando haver resolvido este "dificílimo e quase insolúvel problema", Copérnico apresenta os sete axiomas que mais tarde revolucionariam a História – aqui de forma resumida:

(1) Os corpos celestes não se movem em torno do mesmo centro;
(2) A Terra não é o centro do Universo, mas apenas da órbita lunar e da gravidade terrestre;
(3) O Sol é o centro do Sistema Planetário, e, portanto, do Universo;
(4) Comparada com a distância das estrelas fixas, a distância entre o Sol e a Terra é relativamente pequena;
(5) A revolução diária notada na Terra, deve-se à rotação da Terra sobre seu próprio eixo;
(6) O movimento anual aparente do Sol na realidade se deve ao fato da Terra, assim como os demais planetas, orbitar o Sol;
(7) As "estações e retrogressões" aparentes dos planetas se devem à mesma causa;

Copérnico não suporta seus axiomas com provas ou rebuscadas demonstrações matemáticas - *"reservando-as eu para a minha obra maior"*. Lutero não gostou nada do que ouviu falar:

"O louco vai virar toda a ciência da astronomia de cabeça para baixo. Mas como declara o Livro Sagrado, foi ao Sol e não à Terra que Josué mandou parar."

Mas na verdade Copérnico viraria a religião de cabeça pra baixo, e as escrituras ditas "sagradas" já não gozariam de tanto respeito, e somente Josué, neste episódio, teria suas faculdades mentais *sub judice*. Mas o Santo Ofício levaria três quartos de século para entender a mensagem bombástica deste pálido livro: *"O Sol não gira em torno da Terra; é a Terra que gira em torno do Sol"*. Isso é, de fato, muito mais inflamável do que o pandemônio produzido por Lutero, mas o estopim parecia mais longo e sutil. O tom de Copérnico não era 'revolucionário', nem corajoso, nem audacioso, nem narcisista; o cônego praticamente se desculpava por sua descoberta – ou redescoberta.

Mas na dedicatória ao Papa Paulo III, em sua *'De Revolutionibus Orbium Coelestium'*, algo pode ser denotado, e que mais tarde suscitaria uma certa conceituação de *"revolução copernicana"*:

"Bem me é dado resumir, Santíssimo Padre, que algumas pessoas, ao saberem que neste meu livro Sobre as Revoluções das Esferas Celestes atribuo certos movimentos à Terra, bradarão que, defendendo tais opiniões, eu deveria ser imediatamente posto fora de cena. Assim, hesitei longo tempo, não sabendo se deveria publicar essas reflexões escritas para provar o movimento da Terra, ou se seria melhor seguir o exemplo dos pitagóricos e outros, os quais pendiam para o ensino de seus mistérios filosóficos apenas a íntimos amigos, e não por escrito, mas pela palavra falada, como testemunha a carta de Lisis a Hiparco. Considerando este ponto, o medo do desdém que a minha opinião nova e (aparentemente) absurda me acarretaria quase me persuadiu a abandonar o projeto."

E segue desculpando-se, e esclarecendo que sua hesitação impediu a publicação do livro *"não por nove anos, mas por quase quatro vezes nove anos"*. até a chegada do entusiasmado Georg Joachim Rheticus (1514-1574).

> *"Rheticus, como Giordano Bruno ou Teofrasto Bombasto Paracelso, foi um dos cavaleiros errantes da Renascença, cujo entusiasmo transformou em chamas algumas centelhas tomadas de empréstimo."*

O professor de matemática e astronomia seria o *enfant terrible* de Copérnico, alcançando o *"extremo limite da terra"*, lá pelas bandas de Frauenburg, aos 25 anos. O jovem inquieto, familiarizado com o heliocentrismo, estava curioso para conhecer aquele que Lutero chamava de *"grande tolo que contrariava a Sagrada Escritura"*; ao que devemos agradecê-lo postumamente pela propaganda.

O encontro entre o devoto discípulo e seu *Domine Praeceptor* ou *"meu Mestre"* – como descreveria Copérnico até o fim –, pode ser descrito como de *"amor à primeira vista"* (Koestler; 1989). Copérnico por sua vez contava 67 anos de uma vida dura, e sentia a juventude e afeto de seu pupilo como uma nova e revigorante energia, mesmo pressentindo que não veria tantas voltas ao redor do Sol.

Rheticus estava excitado com a publicação da *Magnum opus* de seu mestre, mas o astuto cônego Giese, único e verdadeiro amigo de Copérnico, insistia em cautela. Decidiram por um resumo, onde o pescoço de Rheticus seria deixado à mostra, assumindo a responsabilidade pelo atentado, com uma mera referência ao *"sábio Dr. Nicolau de Torun"*. Assim 'Narratio Prima' ganharia vida na forma de uma carta escrita pelo orgulhoso e destemido Rheticus ao seu antigo mestre de astronomia em Nuremberg. O libreto de 76 páginas, foi batizado com o seguinte título:

> *"Ao ilustríssimo Dr. Johannes Schoener, uma Primeira Narrativa do Livro das Revoluções da autoria do sapientíssimo e excelentíssimo matemático, o reverendo Padre, Dr. Nicolau de Torun, cônego Ermland. De um jovem estudante de matemática."*

Rheticus é hábil na escrita, e reto no propósito de testar a repercussão das 'Revoluções', mas salvaguardando seu Mestre:

> *"Se proferi coisa com entusiasmo juvenil (nós, jovens, temos sempre, como diz ele, vigor mais forte do que útil), ou se escrevi inadvertidamente qualquer observação que possa parecer dirigida contra a venerável e sagrada antiguidade, mais do que pedia, talvez, a importância e dignidade do assunto, não duvido que interpretareis bondosamente o ponto e vos lembrareis mais do meu sentimento para convosco do que meu erro. [...] Assim a astronomia do meu Mestre cabe, de direito, o nome de eterna, como testemunham as observações dos tempos passados, e como, indubitavelmente, confirmarão as observações da posteridade [...] Deus concedeu ao meu sábio Mestre, um reinado ilimitado na astronomia. Que o dirija, guarde e aumente, para a restauração da verdade astronômica. Amém."*

Considerando o *"reinado ilimitado"* e a *"restauração da verdade astronômica"*, a sentença de Rheticus é mais do que profética. Era chegada a hora de publicar a *'Revolução'*. Sem mais demoras passaram à redação dos manuscritos que seriam impressos. Rheticus faria este trabalho entre 1540 e 1541, e faria muito mais do que isso; sendo protegido de Philipp Melanchthon, importante reformador alemão, colaborador direto de Lutero, redigiu cartas com pedidos antecipados de desculpa e de apoio aos reformistas empertigados. E finalmente, em 02 de Maio de 1542, partiria para Nuremberg a fim de publicar o livro, garantindo que não fosse direto para a fogueira. Em poucos dias *"Petreius"* iniciaria os trabalhos de composição do livro para impressão, e a História seria reescrita.

A propaganda de Rheticus havia funcionado, e uma correspondência entre cidadãos locais dá conta de que:

> *"Deu-nos a Prússia um novo e maravilhoso astrônomo, cujo sistema está sendo impresso. Trata-se de um trabalho de aproximadamente cem folhas, no qual afirma provar que a Terra se move e que as esferas estão imóveis. Há um mês vi duas folhas quando acabavam de ser impressas. Cuida da impressão um tal Magister de Wittenberg [Rheticus]."*

No entanto, boatos sobre a homossexualidade de Rheticus levariam Melanchthon a despachar seu protegido de Nuremberg para Leipzig; além de conseguir-lhe uma boa posição em outra Universidade, alegando razões que *"não podem ser mencionadas por escrito"*. Este severo atentado contra as liberdades individuais, que naturalmente ainda não estava de moda neste tempo, produziu uma delicada situação, já que a impressão do livro bombástico seguiria sem a supervisão do fiel escudeiro de Copérnico. O teólogo luterano Andreas Osiander, admirador de Copérnico, seria encarregado por Rheticus da supervisão da impressão e publicação.

Vendo-se em liberdade de ação, Osiander parte para aquela que seria uma das grandes fraudes históricas no sentido de obstruir o avanço do livre-pensamento. Ele redige um prefácio anônimo às 'Revoluções', com o seguinte título: *"Ao Leitor, Sobre as Hipóteses deste Trabalho"*; onde desacredita o trabalho de Copérnico:

> *"Visto que a novidade das hipóteses deste trabalho já foi amplamente divulgada, não me resta dúvida de que alguns sábios se ofenderam bastante por declarar o livro que a Terra se move e que o sol está em repouso, no centro do universo; acreditando eles, com certeza, que as artes liberais, há muito estabelecidas em base correta, não devem ser atiradas à confusão. [...] pois tais hipóteses não têm de ser verdadeiras nem tampouco prováveis [...] Há quem não perceba, com tal hipótese, que necessariamente se segue parecer o diâmetro do planeta no perigeu mais de quatro vezes, e o corpo do planeta mais de dezesseis vezes maior do que no apogeu, resultado contrariado pela experiência de todos os tempos? Neste estudo há outras absurdidades não menos importantes, que não apresentaremos no momento, visto ser evidente que as causas dos*

movimentos desiguais aparentes são total e simplesmente desconhecidas desta arte. E se a mente imagina causas, como realmente muitas o são, não surgem para convencer quem quer que seja de que são verdadeiras, mas apenas para dar uma base correta de cálculo. Ora, quando uma vez ou outra, se oferecem para o mesmo movimento diferentes hipóteses [...] o astrônomo aceitará, acima das outras, a mais fácil de aprender. O filósofo talvez prefira indagar a aparência da verdade. [...] No que tange a hipóteses, não espere, ninguém, nada de certo da astronomia [...] a não ser que aceite como verdade as ideias concebidas para outro fim, e depois, de tal estudo, fique mais tolo do que antes. Adeus."

Diabólico! Copérnico acometido por um derrame, contava seu tempo em horas, quando recebeu o exemplar do trabalho de toda a sua vida. Não seria de todo absurdo especular sobre o impacto devastador de tal leitura, mesmo no sentido de apressar sua morte. Copérnico a esta altura estava impossibilitado de falar, preso a uma cama, e precisaria calar fundo em sua angústia. A farsa de Osiander seria descoberta e denunciada por Kepler em 1609, sendo também mencionada na biografia escrita pelo vigoroso livrepensador e matemático francês Pierre Gassendi (1592-1655), publicada em 1647. Somente em 1854 seria feita a devida reparação, atribuindo a Osiander a autoria do vergonhoso 'enxerto'.

Em 24 de Maio de 1543, Nicolau Copérnico morre em seu modesto aposento na torre de Frauenburg. exatamente no mesmo dia em que a obra de sua vida é publicada. O pesado livro de capa dura, ao que tudo indica, ainda pôde ser manuseado com dificuldade por seu autor, já moribundo e delirante. *'De Revolutionibus Orbium Coelestium'* passaria à História um ano após o decreto da *"Santa Inquisição"* por Paulo III.

Anna Schillings, sua jovem e divorciada amante, companheira durante boa parte de sua vida na torre, não estaria ao seu lado nos últimos anos de sua vida - em função da proibição do bispo local. Rheticus - ao que tudo indica - magoado com a falta de reverência de Copérnico, quando deixa de mencioná-lo em seus agradecimentos, apaga de sua vida qualquer recordatório de seu mestre.

Giese escreveria a Rheticus um pedido de desculpas embaraçoso pelo.

"[...] desagradável descuido de vosso mestre que se esqueceu de vos mencionar no prefácio do livro. Na verdade não se tratou de indiferenças por vós, mas de falta de jeito e de atenção. O seu espírito, já obscurecido, prestava pouca atenção, vós o sabeis, às coisas que não fossem filosofia [...]. Sei muito bem como avaliava vosso constante auxílio e abnegação [...]. Assististes como um Teseu, aos seus pesados labores [...]. É tão claro como o dia quanto nós todos vos devemos pelo incansável fervor de que destes prova."

Era tarde, o dano estava feito. Ao que tudo indica, no entanto, e por uma correspondência de Johannes Pretorius, um correspondente de Rheticus, Copérnico soube do prefácio de Osiander antes da conclusão da impressão, e ficou *"um pouco mais do que irritado"*, mas este dano também estava feito:

"No que tange ao Prefácio do livro de Copérnico, houve incerteza quanto ao autor. Contudo, foi Andreas Osiander´[...] quem fez o Prefácio, pois cuidada por ele foi que surgiu a primeira edição do livro de Copérnico em Nuremberg. Algumas das páginas foram enviadas a Copérnico, mas pouco depois faleceu este, antes de poder ver o trabalho inteiro. Costumava Rheticus afirmar com seriedade que o prefácio de Osiander havia desagradado a Copérnico, o qual ficara um pouco mais do que irritado. Parece provável, pois a sua intenção era outra, e o que lhe houvera agradado ver o prefácio dizer está patente do conteúdo de sua dedicatória [a Paulo III]. Também o título sofreu alteração do original, fora das intenções do autor. Devia ter sido 'De Revolutionibus Orbium Mundi', ao passo que Osiander mandou imprimir 'Orbium Celestium'."

Pretorius parece bem informado e atento ao tema, e sua versão dos fatos está mais próxima da realidade, presumo, do que a versão de Kepler. Podemos notar, de qualquer forma, a angústia de Copérnico ao ver a obra de sua vida adulterada e humilhada no prefácio. Osiander teima em fixar o nosso *"Mundi"* e mover as *esferas celestiais* – exatamente o oposto do que pretendia Copérnico.

Os últimos meses da vida de Copérnico podem ter sido excruciantes, além do derrame que lhe paralisou um lado da face e do corpo, da ausência de Giese, Anna e Rheticus. Sua morte veio de forma singela nas palavras do nobre amigo:

"Durante muitos dias ficou privado da memória e do vigor mental, só vendo o livro completo no derradeiro instante, no dia em que veio a falecer. Cônego Giese, Loebau, 1543."

As últimas palavras escritas pelo mestre, em seu derradeiro impulso intelectual, a letra diminuta e trêmula deitada sobre um marcador de página:

"Vita brevis, sensus ebes, negligentiæ torpor et inutiles occupationes nos pancula scire permittent. Et aliquotients scita excutit ab animo per temporum frandatrix scientiæ et inimica memoriam præceps oblivio. / A brevidade da vida, a falência dos sentidos, o torpor da indiferença e as ocupações inúteis, nos permitem saber muito pouco. E uma e outra vez, o esquecimento rápido, a ilusão do conhecimento e o inimigo da memória, cria um vazio mental, e com o tempo até mesmo o que aprendemos nós perdemos."

Um epitáfio bem terreno seria cunhado em medalhões do século XVII, trazendo além do busto do mestre a seguinte inscrição traduzida da *"quadrinha"* original em alemão:

*"O céu não gira em torno da terra
Como pretendem os sábios.
Cada homem encontra, certamente, o seu verme.
Inclusive Copérnico."*

1. *Astronomia Nova*

"Mensus eram coelos, nunc terrae metior umbras
Mens coelestis erat, corporis umbra lacet. /
Os céus medi, e agora meço as sombras, minha alma ao céu esteve sempre presa, e
agora preso à terra jaz meu corpo. "
Johannes Kepler
(epitáfio composto para si mesmo)

"A coragem era minha, e eu tinha mistério.
A sabedoria era minha, e eu tinha mestria."
Wilfred Owen

O lento despertar da verdade, em todas as frentes do conhecimento humano, assemelha-se a uma corrida de revezamento, e o bastão recebido de Aristarco, quase que por susto, agora rumava para o entendimento e aprimoramento de outras mentes. Esta seria a hora e a vez do astrônomo, matemático, e astrólogo alemão Johannes Kepler; nascido em *Weil der Stadt*, um vilarejo medieval próximo à Floresta Negra, em 27 de dezembro de 1571, Kepler seria notabilizado pelas três leis da Astronomia que levam seu nome.

O legado de Copérnico, suas *'Revoluções'*, seria impopular até os nossos dias, não fosse por Kepler. Koestler refere-se ao tratado do cônego como *"o livro que ninguém leu"*. As 'Revoluções' são indigestas, confusas, e ininteligíveis. Copérnico provocaria uma revolução heliocêntrica camuflada por um tal conservadorismo platônico-aristotélico, e incapaz de abolir esferas e epiciclos. Copérnico, podemos dizer, parafraseando Koestler, seria *"o último dos aristotélicos"*; podemos dizer ainda, e, no entanto, que com Kepler *"nasce um pitagórico"*.

Kepler via a vida em números, e via os céus como um geômetra supersticioso. Seu caminho se cruzaria com um verdadeiro representante da tradição empírica, Tycho Brahe, e os céus mais uma vez seriam revolucionados. Mas a fissura no edifício do universo imutável, fixo, perfeito e geocentrado, transformara-se em um rombo colossal que condenaria para sempre suas frágeis - porém obstinadas - estruturas.

Na *Sorbonne*, bem longe da torre solitária de Copérnico, o humanista e educador francês Pierre de la Ramée (1515-1572) denunciava, sendo ovacionado, que:

"Tudo quanto está em Aristóteles é falso."

Ele morreria assassinado por católicos no massacre da noite de São Bartolomeu; mas esta é outra estória dentro da História. Erasmo de Rotterdam insistiria nesta tese, alegando que os constructos aristotélicos não passavam de pedantismo estéril:

"[...] buscando, na mais densa treva, o que não existe de maneira nenhuma."

Estes homens denunciavam o autoritarismo, a escolástica, o cinismo, a dialética sonsa e especiosa dos postulados aristotélicos, agora batizados e sacramentados pela cristandade. Sabiam eles ser este um enorme percalço para a verdade. Para Kepler, no entanto, o mestre ainda vivia; e ele dedicaria uma obra para consagrar o *"fogo interior"* que havia sido reacendido pelo cônego: *'Epitome Astronomiae Copernicanae'.* Em seu *"epítome"* copernicano Kepler enunciaria a terceira de suas leis:

(3) Que o quadrado do período orbital de um planeta é diretamente proporcional ao cubo do semieixo maior de sua órbita.

'Astronomia Nova' registraria antes, o desenvolvimento das duas primeiras leis - a citar:

(1) Que a órbita de um planeta é uma elipse com o Sol em um dos dois focos;
(2) Que o segmento de reta que une um planeta e o Sol varre áreas iguais durante intervalos de tempo iguais;

Em *'Harmonices Mundi'* Kepler também discorreria sobre sua Terceira Lei em meio a *exuberantes viagens na maionese astrológica* - e ele vai longe. Sobre a *"escala harmônica"* da Terra na *"música celestial"*, segundo ele restrita às notas *Mi* e *Fa*, explica que estão relacionadas respectivamente às oscilações entre *'misery'* e *'famine' ['miséria' e 'fome'].* Lembrando a ele, além do *non sequitor* e da péssima analogia semântica, que muito malabarismo precisaria ser feito para acomodar as diferentes línguas vernáculas e os respectivos vocábulos para miséria e fome. Mas Kepler era, além de matemático e astrônomo, crente, temente a deus e *"astrólogo"* – *sendo este o seu maior pecado.*

A exemplo de outros matemáticos e geômetras como Leibniz e Descartes, a habilidade matemática e mecânica contrastaria com uma exacerbada tendência ao sobrenatural e ao misticismo religioso. Isso os impediria de flertar com a Ciência Moderna, apesar da importância de seus legados; e em função da debilidade com que confrontavam suas crenças com a realidade, dispensando provas vitais. Leibniz resumiria tudo ao seu deus, enquanto Descartes inventaria um "fantasma da máquina" (Ryle) cerebral. Kepler veria correlações demais, assumindo causalidades inexistentes, e por meio da vã astrologia. Diferentemente de Leibniz e Descartes, Kepler tropeçaria com

Brahe, e desta aliança emergiriam proposições eminentemente científicas – e onde a astrologia e os deuses já não teriam lugar. Mas não precipitemos o passo, ainda estamos no século XVI.

Em sua 'autoanálise astrológica', Kepler assim resumiria sua infância e adolescência (Koestler; 1989):

"Sobre o nascimento de Johannes Kepler: Investiguei a questão da minha concepção, que se verificou no ano de 1571, em 16 de Maio, às 4,37 horas da manhã [...]. A minha fraqueza, ao nascer, elimina a suspeita de minha mãe já ter estado grávida na ocasião do casamento em 15 de maio [...] Assim nasci prematuramente, ao cabo de trinta e duas semanas, ou seja, 224 dias e dez horas [...] 1575 (quatro anos de idade), quase morri de varíola, estive muito mal, e minhas mãos ficaram seriamente estropiadas [...] 1577 (seis anos de idade), no aniversário perdi um dente, arrancando-o com um barbante que puxei com as minhas próprias mãos [...] 1585-86 (catorze-quinze anos de idade), durantes estes dois anos sofri constantemente de doenças da pele, muitas vezes chagas, e de crostas de feridas pútridas crônicas nos pés, que não sararam bem e continuam a arrebentar; no dedo médio da mão direita eu tinha um bicho, na esquerda uma enorme chaga [...] 1587 (dezesseis anos de idade), em 4 de Abril fui atacado de febre [...] 1589 (dezenove anos de idade), comecei a sofrer terrivelmente de dores de cabeça e de um distúrbio nos membros. A sarna apoderou-se de mim [...] Seguiu-se, então, uma enfermidade seca [...] 1591 (vinte anos de idade), o frio trouxe uma prolongada sarna [...] Estabelecera-se um distúrbio de corpo e espírito em virtude do carnaval no qual desempenhei o papel de Mariamne [Maria Madalena] 1592 (vinte e um anos de idade), fui a Weil e perdi um quarto de florim no jogo [...] Em Cupinga, ofereceram-me uma virgem; nas vésperas do Ano Novo cumpri isso com a maior dificuldade possível, experimento agudas dores na bexiga [...]. "

Somente duas lembranças escapavam ao sombrio numerário recordatório de Kepler; com seis anos ele veria um cometa para nunca mais esquecer:

"Ouvi falar muito do cometa daquele ano, 1577, e minha mãe me levou a um lugar bastante alto para vê-lo."

E um eclipse aguçaria sua paixão pelos céus aos nove anos de idade:

"Fui chamado para fora por meus pais para ver o eclipse da lua, que parecia inteiramente vermelha."

Este era o lado ensolarado de sua vida. Vejam por que, no "horóscopo genealógico":

"Meu avó Sebald, burgomestre da imperial cidade de Weil, nascido no ano de 1521, por volta do dia de São Tiago [...] tem agora 75 anos de idade [...] É notavelmente altivo e veste-se com orgulho [...] Irritável e obstinado, tem um rosto que lhe trai o passado licencioso, um rosto vermelho e carnudo; a barba dá-lhe grande autoridade. Foi eloquente, pelo menos quanto o pode ser um ignorante [...] Desde o ano de 1578, a sua fama começou a declinar, com os haveres [...]."

A avó Katarina não é poupada da descrição metódica e direta de Kepler:

"[...] inquieta, hábil e mentirosa, mas dedicada à religião; delgada e de natureza violenta; vivaz, inveterada perturbadora; invejosa, extrema nos ódios, rancorosa, violenta [...] E todos seus filhos possuem alguma coisa disso [...]."

Ele numera os doze filhos de Katarina paridos em vinte e um anos, onde os três primeiros morreriam na primeira infância, sendo o quarto Heinrich, pai de Kepler:

"5- Kunigung, nascida em 1549, 23 de maio. A lua não poderia ter estado em pior posição. Morreu, mãe de muitos filhos, envenenada, segundo se acredita, no ano de 1581, 17 de julho [...] de resto foi piedosa e sensata. 6- Katherine, nascida em 1551, 30 de julho. Também está morta. 7- Sebaldus, nascido em 1552, 13 de novembro [a terceira e última tentativo dos avós de gerar um Sebaldus que sobrevivesse]. Astrólogo e jesuíta, submeteu-se à primeira e à segunda ordenação do sacerdócio; embora católico, imitou os luteranos, levando a mais impura das vidas. Morreu de hidropisia depois de inúmeras outras doenças. Casou-se com uma mulher rica e de estirpe nobre, mas uma dentre muitos filhos. Contraiu a sífilis. Era vicioso e foi detestado pelos concidadãos. Em 1576, 16 de agosto, deixou Weil para fixar-se em Speyr, onde chegou no dia 18; em 22 de dezembro deixou Speyr contra a vontade do superior e perambulou, em extrema pobreza, pela França e pela Itália. (Era considerado' bondoso e amigo). 8- Katherine, nascida em 1554, 5 de agosto. Inteligente e habilidosa, fez um casamento infelicíssimo, viveu suntuosamente, dissipou os bens, e é agora mendiga (Morreu em 1619 ou 1620). 9- Maria, nascida em 1556, 25 de agosto. Também morta."

Os 'tios' numerados de '10' a '11' não seriam mencionados, e o número '12' também morreria na primeira infância. E vamos ao número '4', o pai de Kepler:

"4- Heinrich, meu pai, nascido em 1547, em 19 de janeiro [...] Homem vicioso, inflexível, briguento e destinado a um péssimo fim. Vênus e Marte aumentavam-lhe a maldade. O declínio da maior aproximação de Júpiter fê-lo pobre mas deu-lhe uma rica esposa. Saturno em VII fê-lo estudar a ciência da artilharia; numerosos inimigos, um casamento de brigas [...] um vão amor às honras. e uma vã esperança delas; errante [...] 1577: correu o perigo de enforcamento. Vendeu a casa e começou a trabalhar com uma taverna. 1578: a explosão de um jarro de pólvora lacera o rosto de meu pai [...] 1589: tratou muito mal minha mãe, foi exilado e morreu."

Sua mãe, Katherine, não seria poupada de sua ácida sinceridade, a começar pela alcunha de *"feiticeira"*:

"[...] pequenina, delgada, morena, faladeira e briguenta, de mau caráter."

A astrologia comete, entre outros desvios cognitivos, as falácias retóricas e intelectivas conhecidas por 'Post hoc ergo propter hoc' (ou 'Depois disso, por causa disso') e 'Cum hoc ergo propter hoc' (ou 'Falsa causa'). O fato de que dois eventos ocorreram juntos ou em sequência, não implica que em que estejam necessariamente relacionados. O que ocorre de fato é a projeção de nossa vontade sobre a interpretação do fato – esta parece ser a sina de Kepler. Mais adiante trataremos deste assunto.

Kepler, considerando seus genes, não teria muito do que se orgulhar, mas as coisas poderiam ficar piorares e de fato foi isso o que aconteceu, nas palavras pícaras de Arthur Koestler:

"Para completar o exame dessa idílica família, devo mencionar os irmãos e as irmãs de Johannes. Eram seis, três dos quais morreram na infância, e dois se tornaram cidadãos normais honrados [...]. Mas Heinrich, o imediatamente seguinte a Johannes, era epiléptico e vítima do traço psicopático da família. Criança exasperadamente difícil; parece que a sua juventude foi uma longa sucessão de espancamentos, desgraças e enfermidades. Foi mordido por animais, quase morreu afogado e escapou de ser queimado vivo. Aprendiz de tapeceiro antes, depois aprendiz de padeiro, fugiu por fim de casa quando o carinhoso pai ameaçou vendê-lo. Nos anos subsequentes, participou do exército húngaro na luta contra os turcos, fez-se cantor de rua, padeiro, valete de nobre, mendigo, tambor de regimento e alabardeiro. Por toda essa variada carreira, foi vítima de uma desventura após outra, sempre doente, despedido de todos os empregos, roubado por ladrões, espancado por bandidos de estrada, até que finalmente desistiu, voltou, por caridade dos outros, para casa, ao pé de sua mãe, e morreu aos quarenta e dois anos. Na infância e na mocidade, Johannes partilhou em grande parte de alguns dos atributos do irmão mais moço, sobretudo a propensão aos acidentes e constante má saúde combinada com hipocondria."

Kepler não deixaria por menos:

"[...] uma criança enfermiça, de membros delicados e grande rosto pastoso ornado de cabelos escuros encaracolados. Nasceu com vista defeituosa, miopia e poliopia anocular (visão múltipla). O estômago e a vesícula biliar torturaram-no constantemente; padeceu de furúnculos, erupções e provavelmente de hemorroidas, pois nos afirma que jamais logrou sentar-se por muito tempo, tendo de andar de um lado a outro. A casa da praça do mercado, em Weil, com as vigas tortas e janelas de casa de boneca, deve ter sido um verdadeiro pandemônio. Os ralhos do velho Sebaltus afogueado; as brigas, aos gritos, de Katherine mãe e de Katherine avó; a brutalidade do pai débil de mente e ferrabrás; os ataques epilépticos do irmão Henrique; a dúzia, ou mais, de abatidos tios e tias, pais e avós, tudo se amontoava naquela infeliz residência. Tinha Johannes quatro anos quando a mãe acompanhou o marido nas guerras; cinco, quando os pais voltaram e a família começou as incansáveis perambulações [...]. Só irregularmente pôde frequentar a escola, e dos nove aos onze anos não foi à escola sendo 'posto a trabalhar duramente no campo'. Em consequência, e apesar da inteligência precoce, levou duas vezes o tempo empregado por uma criança normal para completar as três classes da escola elementar de latim. Aos treze, logrou finalmente matricular-se no seminário teológico menor de Adelberg."

Kepler não menciona amores, além da *"virgem"* que lhe foi oferecida no Ano Novo - compromisso ao qual cumpriria *"com a maior dificuldade possível"* -, e uma misteriosa paixão na primavera de 1551 - cuja citação começa de forma nada romântica:

"[...] o frio trouxe prolongada sarna. Quando Vênus atravessou a VII casa reconciliei-me com Ortolfo; quando voltou, mostrei-a a ele; quando apareceu pela terceira vez eu continuava a lutar ferido pelo amor. Começo do amor: 26 de Abril."

Weil bem poderia ser um cenário romântico, não se tratasse da confusa e malcheirosa Idade Média. Com cerca de 200 habitantes à época, o vilarejo estava situado em uma região de bons vinhos, entre a Floresta Negra e o Reno. Mas não existe qualquer vestígio desta paisagem bucólica nos numerários de Kepler, senão o registro de seu inferno privado. Kepler era um sobrevivente; condenado por debilidades visuais, *"a criança míope, que às vezes via o mundo dobrado ou quadruplicado"*, funda a ótica moderna, aprimora o telescópio, tornando-se um observador contumaz dos astros que se perdem minúsculos no firmamento.

Aos 20 anos de idade, Kepler obteria o seu diploma na Faculdade de Artes da Universidade de Tübingen, matriculando-se em seguida na Faculdade de Teologia, onde estudaria por mais 4 anos. Kepler não é muito popular no meio acadêmico e na comunidade, afinal um jovem rabugento, que professava o discurso calvinista, e colocava a Terra em movimento ao redor do Sol, não era muito bem visto pelos súditos de um principado católico da Casa de Habsburgo. Mas este não era o caso de seu dileto professor, o matemático e astrônomo alemão Michael Maestlin (1550-1631), responsável por sua iniciação nas 'Revoluções' de Copérnico.

Em uma reviravolta do destino, Kepler seria nomeado para o cargo Professor de astronomia – função secundária - e *"Mathematicus da Província"* - distinção emérita –, na cidade de Graz, na primavera de 1594. Assim o jovem que *"matemático"* que pretendia ser *"teólogo"* estava a caminho de tornar-se um dos maiores astrônomos da História. E Kepler, implacável em sua crítica aos demais, pintaria o seu autorretrato astrológico-intelectual, uma espécie *Currículo Lattes*, despido inteiramente de modéstia, discorrendo em terceira pessoa, e vestido de insuspeita ironia – ou, talvez, agreste sinceridade:

"Este homem nasceu destinado a passar muito tempo em tarefas difíceis evitadas por outros. Criança, tentou precocemente a ciência da versificação. Quis escrever comédias e escolheu os mais longos poemas para decorá-los [...]. A principio, os seus esforços foram dedicados a acrósticos e anagramas. Mais tarde, enveredou por várias das formas mais difíceis de poesia lírica, escreveu uma ode pindárica, poemas ditirâmbicos e composições em torno de assuntos desusados, como o lugar de repouso do sol, as fontes dos rios, a vista de Atlas através das nuvens. Gostava de enigmas e de sutis ditos jocosos e divertia-se bastante com alegorias elaboradas minuciosamente, arranjando comparações forçadas. Gostava de compor paradoxos e [...] preferia a matemática a qualquer outro estudo. Em filosofia, leu os textos de Aristóteles no original [...]. Em teologia, iniciou imediatamente com a predestinação e concordou com a opinião luterana da ausência de vontade livre [...]. Mais tarde, combateu-a [...]. Inspirado pela sua opinião da misericórdia divina, não acreditou que todas as nações estivessem destinadas à condenação [...]. Explorou vários campos da matemática como se fosse o primeiro homem a fazê-lo (e fez certo número de descobrimentos), e verificou, mais tarde, que os seus descobrimentos já tinham sido descobertos antes. Discutiu com homens de todas as profissões em benefício do espírito. Preservou cuidadosamente todos os escritos e guardou todos os livros de que podia valer-se, certo de que lhe seriam úteis no futuro. Foi igual a Crusius [um dos seus

mestres] na atenção dedicada à minúcia, muito inferior a Crusius na esforço, e superior a ele juízo. Crusius coligia fatos, eles os analisava; Crusius foi uma enxada, ele uma cunha [...]."

Nascia um pitagórico e geômetra do Universo.

"O deleite que experimentei com o descobrimento jamais poderei descrever com palavras."

Neste ponto, Kepler, aos 25 anos, ainda estaria completamente equivocado, forçando a barra para enquadrar o universo no perfeccionismo platônico das formas geométricas e em sólidos perfeitos - cujas faces são idênticas; estamos falando de esferas, tetraedros, cubos, octaedros, dodecaedros, icosaedros e esferas. O assunto, a verdadeira obsessão de sua vida, é tratado em seu primeiro livro, *'Mysterium Cosmographicum'* - uma espécie de *sincretismo do perfeccionismo platônico com o fogo interior pitagórico.*

25 anos mais tarde, já consagrado por suas três leis, tendo destroçado o universo aristotélico-ptolomaico e fundando as bases para uma nova cosmologia, uma segunda edição deste *"livrinho"* de *"erros"* seria publicada, e a imodéstia não cederia diante de sua *idée fixe* em seu prefácio:

"Passaram-se quase vinte e cinco anos desde o dia em que publiquei o presente livrinho [...]. Apesar de ser eu, então, muito moço e constituir o meu primeiro trabalho de astronomia, o seu êxito nos anos seguintes proclama em voz alta que nunca ninguém publicou antes um primeiro livro mais significativo, mais feliz, e, à vista do assunto, mais digno. Seria um erro considera-lo pura invenção do meu espírito (longe do meu intento qualquer presunção, e do leitor qualquer exagerada admiração, quando tocamos a harpa de sete cordas da sabedoria do Criador), porque como se um oráculo do céu me tivesse ditado, o livrinho publicado foi, em todas as suas partes imediatamente reconhecido como ótimo e verdadeiro de ponta a ponta (tal qual sucede com os atos evidentes de Deus)."

Este seria o fiasco intelectual mais presunçoso, arrogante, prepotente, ambicioso. e *importante* da História. Partindo de sólidos perfeitos para chegarmos a órbitas elípticas - sem perder a pose. E graças a Johannes Kepler! Bastaria conhecer a existência de Urano e Netuno para que o todo o esquema viesse a pique. Mas Kepler - em sua *revelação divina* e *apriorismo* - precisaria de mais para justificar seu modelo, alegando que os problemas com Júpiter "ninguém estranharia, devido à sua distância" e recorrendo à fraude no caso de Mercúrio. Ele ainda precisaria, na tentativa de "salvar seus fenômenos", em alguns interlúdios, promover algumas chacotas sobre as outrora idolatradas *'Revoluções'* de Copérnico. A quinada seria tão radical que não poderíamos deixar de nos perguntar: Como? Por quê? Por quem?

"Calemo-nos e ouçamos Tycho, que dedicou trinta e cinco anos às observações [...]. Somente por Tycho é que eu espero; ele me explicará a ordem e a disposição das órbitas [...]. Espero, então, um dia, se Deus me der vida, erguer um admirável edifício." – Johannes Kepler ('Carta a Maestlin; 1599)

O astrônomo dinamarquês Tycho Brahe, seu futuro colaborador Johannes Kepler, entre outros gigantes notáveis de seu tempo, como Giordano Bruno, Galileu Galilei, William Gilbert, Andreas Vesalius, e assim como os jônicos, seriam mais revolucionários em função das questões abertas e deitadas sobre seu tempo, do que pelas respostas encontradas – e limitada aos instrumentos disponíveis.

> *"As estradas pelas quais os homens chegam à compreensão dos problemas celestes se me afiguram tão dignas de admiração como os próprios problemas" – Johannes Kepler ('Astronomia Nova'; 1609)*

Antes de mergulhar no *'universo mágico'* de Brahe, gostaria de contar o pitoresco casamento de Kepler com a malfadada Barbara Müller. Nas impagáveis palavras de Arthur Koestler:

> *"[...] os amigos de Kepler em Graz haviam encontrado uma noiva, para, o jovem mathematicus, na filha de um rico moleiro, já duas vezes viúva aos vinte e três anos de idade. [...] casara-se aos dezesseis anos, a contragosto, com um marceneiro de meia idade, que falecera dois anos depois; em seguida, havia desposado um funcionário viúvo, idoso, o qual levara consigo um bando de crianças feias, uma enfermidade crônica e, após a morte, fora descoberto que havia desviado dinheiro."*

Nas palavras de Kepler:

> *"[...] simples de espírito e gorda de corpo. [o casamento realizou-se em 27 de abril de 1597] sob um céu calamitoso. [...] destino algo triste e desventurado [...] em tudo o que faz é confusa e inibida. Com dificuldades é que dá a luz. Tudo o mais é do mesmo tipo. [...] compleição estúpida, mau humor, era solitária, melancólica [...] dotada de natureza irritadiça, e proferia todos os desejos com voz zangada, o que me incitava a provocá-la, lamento-o, pois os meus estudos me tornavam, às vezes, irrefletido. Aprendi, contudo, a lição, e passei a ter paciência com ela. Quando via que as minhas palavras a magoavam, teria preferido cortar o dedo a ofendê-la mais [...]."*

Belo relacionamento, bem à moda do final da Idade Média e início do Renascimento, onde a instituição do matrimônio era uma mera questão patrimonial, promovida com sobras de hipocrisia, machismo, e outros expedientes bem menos recomendáveis. Pelo retrato de Kepler, sua frequente sarna e outros *"bichos"* - alguns furunculares, e em cavidades dolorosas e essenciais -, suponho não tratar-se de um primor de companheiro; e não deixo de pensar em como seria delicioso dar voz à pobre Barbara.

Nove meses após o *'matricídio'* nasceria o primeiro filho de uma séria de três que não sobreviveriam. O primeiro bebê nasceria com severas deformações nos genitais; ao Kepler explica com a sua devoção doentia ao sobrenatural, e fazendo referência ao prato favorito de sua esposa:

Coisas de nossa neuropsicologia evolutiva. A velha crença ritualística e animista de que comer "tartaruga" poderá induzir um filho com deformações similares à uma tartaruga, comer cobras ou chifres de rinoceronte moídos nos deixará mais viris. Coisas da evolução, coisa da vida na savana, coisas da biologia da crença. *Frau* Barbara geraria outros três filhos, dos quais apenas um casal sobreviveria à infância. O casamento durou catorze anos, e Barbara morreria aos "trinta e sete anos de idade, com o espírito perturbado".

2.   O Castelo das Estrelas

"Somos todos ignorantes, mas não sobre as mesmas coisas."
Albert Einstein

"Ne frustra vixisse videar! / Não me deixe parecer ter vivido em vão!"
Tycho Braher
a Johannes Kepler, no leito de morte

O vice-almirante e senhor rural Jörgen Brahe era um nobre, descendente da mais pura estirpe de quixotescos dinamarqueses medievais. Sem filhos, obteve a cabulosa promessa de seu irmão de que lhe daria um de seus filhos 'machos' para adoção. Logo na primeira gestação a mãe de Brahe deu a luz a gêmeos, mas infelizmente um deles morreria. O drama da perda fez com que a promessa fosse quebrada, mas Jörgen jamais recuaria diante deste compromisso. Esperou que outra gestação trouxesse um varão para seu irmão, e simplesmente raptou o pequeno Tycho, o gêmeo sobrevivente, do berço. Ameaças e disputas à parte, e considerando o *fait accompli*, Tycho ainda completava os estudos quando o seu *tio-pai* morreu gloriosamente ao salvar o rei Frederico II da Dinamarca de afogar-se.

Assim Tycho nasceria e seria educado na terra de Hamlet, mais precisamente em Skane, em 14 de Dezembro de 1546; e morreria cercado dos mesmos requintes trágicos que o trouxeram à vida, desta vez em Praga, na Boêmia, em 24 de Outubro de 1601. Brahe brilharia na astronomia a serviço da corte de Frederico, e, mais tarde, nos domínios do imperador Rodolfo II da Germânia; tendo sido vigorosamente consagrado com um gigante da Ciência, e sobre os ombros de quem muitos poderiam ver mais longe.

Brahe também vasculharia os trabalhos de Copérnico, estudando detalhada e detidamente a posição das estrelas, as fases da Lua, e as órbitas planetárias, e compilando muitos dados que mais tarde serviriam a Kepler. As observações deste empertigado astrônomo observacional da era que precedeu a invenção do telescópio alcançariam uma precisão sem paralelo à época. Postumamente, os seus registros sobre o movimento de Marte permitiram que seu ambicioso colaborador desvendasse as leis que regem os movimentos planetários, pavimentando o caminho para a cosmologia moderna.

Em 1566, quando ainda era um estudante, Brahe duelou com um nobre dinamarquês, Manderup Parsbjerg, e acabou perdendo um pedaço de seu nariz. Ele usaria pelo resto da vida uma prótese de ouro e prata, o que conferia à sua figura um ar ainda mais bizarro. Em 1901, sua tumba foi aberta e observou-se que o osso no crânio, na região do nariz, tinha cor verde, sinal de exposição ao cobre. Alguns historiadores especularam que ele teria utilizado diferentes próteses, uma para cada ocasião, incluindo próteses em cobre, um material mais leve e confortável do que metais preciosos.

Seguindo a tradição dos Brahe, Tycho estava destinado a ser um grande estadista, mas um fenômeno astronômico selaria o seu destino para sempre: um eclipse parcial do Sol - previsto pelos mestres de sua época.

> *"[...] coisa divina poderem os homens saber os movimentos dos astros tão exatamente a ponto de serem capazes, muito antes, de lhes predizer o lugar e as posições relativas." (Dreyer; 'Tycho Brahe'; 1890)*

Brahe dispunha de recursos e passaria imediatamente a devorar todas as obras que pôde conseguir sobre astronomia, a começar pelo 'Almagesto'. Gassendi nos conta que o impacto de Tycho deveu-se primeiro à aparente *"prognosticabilidade"* dos fenômenos astronômicos; o que contrastava, segundo Koestler, com a *"imprognosticabilidade"* da vida entre os temperamentais Brahe. Nas irretocáveis palavra e reflexões de Arthur Koestler:

> *"Não é bem uma explicação psicológica, mas vale a pena notar que o interesse de Brahe pelos astros enveredou, desde o início, por direção quase oposta a de Copérnico e Kepler. Não foi um interesse especulativo, mas o amor da observação exata. Começando com Ptolomeu aos catorze anos de idade, e fazendo a sua primeira observação aos dezessete, Tycho apegou-se à astronomia muito mais cedo do que aqueles. O tímido cônego encontrara refúgio para uma vida de frustrações, na secreta elaboração do seu sistema; Kepler resolveu as intoleráveis misérias da mocidade na mística harmonia das esferas. Tycho não foi nem frustrado nem infeliz, só aborrecido e irritado pela futilidade da vida de um nobre dinamarquês entre, são palavras dele, 'cães, cavalos e dissipação', e encheu-se de ingênuo espanto diante da solidez e confiança das predições dos astrônomos. Não recorreu a astronomia como fuga ou salva-vidas metafísico, mas como passatempo total de aristocrata revoltado com o 'milieu'. A sua vida posterior parece confirmar tal interpretação, pois entreteve reis na sua ilha maravilhosa, sendo, no entanto, a dona-de-casa, com quem gerou inúmeros filhos, mulher de casta inferior, nem sequer desposada na igreja."*

O vice-almirante mandou Tycho para a universidade em Leipzig acompanhado de um jovem tutor, Anders Vedel, incumbido principalmente de "curar o jovem Tycho da mania da astronomia". A cabo de um ano Vedel capitularia, a paixão de Brahe era incurável; mas os dois seriam amigos pelo resto da vida.

Adianto minhas desculpas pelo excesso de citações, mas a obra de Kostler é um tesouro de reflexões e pesquisa historiográfica:

> *"[...] até vinte e seis anos de idade, sempre amontoando e depois projetando instrumentos maiores e melhores para a observação dos planetas. Entre esses havia um enorme quadrante de metal e carvalho, com trinta e oito pés de diâmetro e girado por quatro manivelas, sendo o primeiro de uma série de fabulosos instrumentos que iriam constituir a maravilha do mundo. Tycho jamais fez nenhum descobrimento notável, salvo um, que o tornou pai da moderna astronomia observacional; mas esse descobrimento de todo modo se converteu em truísmo para*

o espírito moderno que é difícil ver-lhe a importância. Enfim, revelava a necessidade, para a astronomia, de dados observacionais precisos e contínuos. Lembremo-nos de que o cônego Copérnico só registrou vinte e sete observações suas em todo o Livro das Revoluções; para o restante, contou com os dados de Hiparco, Ptolomeu e outros. Fora esse o processo geral até Tycho. Era ponto pacífico deverem ser as tabelas planetárias exatas, o mais possível, para fins de calendários e navegação; mas afora os limitados dados exigidos para tais motivos práticos, não se compreendia absolutamente a necessidade de precisão. A atitude, que é tudo, menos incompreensível ao espírito moderno, devia-se em parte à tradição aristotélica e ao seu realce das qualidades por oposição às medições quantitativas. Dentro dessa estrutura mental somente um louco podia interessar-se pela precisão por amor à precisão. Outrossim, e mais especificamente, uma geometria dos céus que consistia em ciclos e epiciclos não exigia dados muitíssimos, nem muito exatos, de observação, pela simples razão de ser o círculo definido quando se lhe conhecem o centro e um dos pontos da circunferência, ou, se o centro já é conhecido, por três pontos apenas da circunferência. Assim, de modo geral, bastava determinar as posições de um planeta em vários pontos característicos da órbita, e dispor os epiciclos e os deferentes da maneira mais favorável para 'salvar os fenômenos'. [...] a dedicação de Tycho às medições, às frações de minutos de arco, parece-nos muitíssimo original. Não é de admirar que Kepler o chamasse de Fênix da Astronomia. Por outro lado, se Tycho estava na frente da época, estava apenas um passo na frente de Kepler. Vimos como Kepler anelava pelas observações de Tycho, querendo dados precisos sobre distâncias médias e excentricidades. Um século antes, Kepler teria provavelmente repousado sobre os louros da sua solução do mistério cósmico sem dar importância aos pequeninos desacordos com os fatos observados; mas tal atitude de cavaleiro metafísico para com os fatos começara a perder prestígio entre os espíritos evoluídos do tempo. A navegação oceânica, a crescente precisão de bússolas magnéticas e relógios, e o progresso geral na tecnologia tinham criado um novo clima de respeito aos fatos e às medidas exatas. Assim, por exemplo, o debate entre os sistemas copernicano e ptolemaico já se não fazia apenas por argumentos teóricos. Tanto Kepler como Tycho, independentemente, decidiram deixar que a experiência fosse juiz e tentaram determinar, pela medida, se existia ou não a paralaxe estelar. Uma das razões da busca de Tycho em matéria de precisão era, realmente, o seu desejo de verificar a validez do sistema copernicano. Talvez haja sido, porém, a racionalização de um anseio mais profundo. Para ele constituía forma de adoração a paciência meticulosa, a precisão por amor à precisão. A sua primeira grande experiência foi a espantosa comprovação de poderem ser os fatos astronômicos exatamente preditos; a segunda foi de espécie oposta. Em 17 de agosto de 1563, aos dezessete anos de idade, enquanto Vedel dormia, observou que Saturno e Júpiter estavam tão próximos um do outro que quase se não distinguiam. Examinou as tabelas planetárias e descobriu que as tabelas afonsinas continham um erro de um mês inteiro no tocante àquele fato, e as tabelas copernicanas um erro de vários dias. Coisa intolerável. [...] um nobre dinamarquês iria mostrar-lhes como se trabalha. E mostrou-lhes por métodos e dispositivos que o mundo jamais vira."

E este dinamarquês exótico começaria a escrever o seu nome na História da Cosmologia e da saga do conhecimento humano em 1572: o registro da primeira SuperNova! [*e escrevo isso precisamente enquanto o pianista cubano Gonzalo Rubalcaba e seu trio de jazz executam um tema de seu CD 'Supernova' – esqueçam a astrologia, o sobrenatural, e as superstições diversas, trata-se pura e simplesmente de uma feliz e poética coincidência*].

Tycho seria alçado à fama como o maior astrônomo de sua época com a descoberta de sua "nova estrela". Era a noite de 11 de novembro de 1572, e Tycho caminhava para casa, regressando do laboratório de seu tio alquimista, quando, "olhando para o céu, viu uma estrela mais brilhante do que Vênus", com uma intensidade luminosa espantosa, e onde jamais houvera uma estrela. A visão foi tão inacreditável e extasiante que ele duvidou de sua lucidez, talvez em função de alguns drinques, e, então, pediu a alguns criados e vários camponeses que confirmassem o que seus olhos viam e sua mente presenciava. Ela estava lá, sem dúvida, e tão brilhante que podia ser vista *em pleno meio-dia*. E lá estava, e lá permaneceria por misteriosos dezoito meses.

Assim como Tycho outros astrônomos presenciavam, inocentes, a explosão de uma SuperNova; a "nova estrela" de Novembro atingiria o seu máximo esplendor em Dezembro, alegrando e assombrando as festividades de fim de ano, para então declinar lentamente, enfraquecendo em brilho, desaparecendo em Março de 1574. O mundo jamais testemunhara semelhante fenômeno desde a descrição de Plínio em seu livro da História Natural, declarando que, em 125 AEC, Hiparco vira uma "nova estrela" nos céus. Tal testemunho observacional contradizia a doutrina platônico-aristotélica, e depois cristã, da imutabilidade e perfeição dos céus; e segundo a qual, toda mudança, toda e qualquer geração e decadência, estava limitada à vizinhança terrena - a "esfera sublunar".

Para "salva o fenômeno", a observação de Hiparco foi desacreditada como se tratando de um cometa. Brahe solaparia dois credos de uma só vez, e, valendo-se de seu novo engenho instrumental - um enorme sextante com precisão de minutos de arco, *"um canhão pesado comparado às fundas e catapultas dos colegas"* -, demonstrou inequivocamente que sua *"nova estrela"* estava "parada no céu". No ano seguinte Brahe publicaria sua primeira obra, 'De Nova Stella', onde descreve com exatidão, ao longo de 27 páginas, a contínua observação da "nova estrela", apresentando o que chama de "fatos duros, obstinados", e suficientes para garantir-lhe fama sólida e duradoura. Cinco anos depois, implacavelmente, daria o seu *coup de grâce* à cosmologia aristotélica, destronando também a crença de que o fenômeno astronômico dos cometas ocorria na "esfera sublunar". Os dois fenômenos, afirmaria Brahe, ocorrem "fora do oitavo céu", e provando que os cometas deveriam estar "pelo menos seis vezes" mais distante de nós que está a Lua.

Sobre a natureza física ou sobre o fenômeno que teria originado a "nova estrela", Tycho prudente e honestamente confessaria sua mais completa ignorância. Estamos diante de um verdadeiro cientista, ético, logo cético. Estamos na companhia de Tycho Brahe, onde o valoroso princípio do ônus da prova seria levado a sério.

"Houveram, indubitavelmente, outras novae entre 125 AEC e 1572, mas a nova consciência humana do céu e a nova atitude quanto à observação precisa imprimiram à estrela de 1572 um

significado especial: a explosão causada pelo seu repentino incêndio aniquilou o universo fechado, estável, dos antigos." – Koestler

Para sempre. Mas a Europa estava em polvorosa, atônita, clamando por explicações, e a autoridade dogmática apresentaria suas doutrinas astrológicas e religiosas. Surgida após três meses do rio de sangue derramado pela chacina de protestantes franceses por católicos ensandecidos na tenebrosa noite de São Bartolomeu, as primeiras suspeitas, em um clássico delírio intelectivo causal do tipo *post hoc ergo propter hoc*, recaíram sobre o evento como um presságio sinistro. O pintor alemão Jorge Busch profetizou tratar-se de "um cometa condensado com os vapores dos pecados humanos, e inflamado pela cólera divina", gerando uma espécie de pó ou gás venenoso, responsável deste ponto em diante por toda sorte de infortúnios e tragédias, ou mesmo "mau tempo, peste e franceses".

Os astrônomos 'mais sérios', com raras exceções, trataram de "salvar o fenômeno" por algum tempo chamando a estrela de um "cometa sem cauda" e atribuindo-lhe um "lento movimento" de 'última hora', além de outros subterfúgios, que levariam Tycho a esbravejar desdenhosamente:

"O caecos coeli spectatores! / Ó cegos espectadores do céu!"

Brahe agora era uma celebridade, com méritos e estilo próprio. Frederico II, cuja vida havia sido salva por seu pai não pretendia dispor deste verdadeiro patrimônio intelectual nacional. Como Brahe estava decidido a fixar residência na Basileia que havia arrebatado humanistas como Erasmo de Rotterdam, entre outros, o rei resolver apostar alto. Um mensageiro viajaria dia e noite para convocar Brahe à presença de sua majestade, ao que este obediente acolheu, tendo recebido uma proposta irrecusável: a ilha de Hven – hoje pertencente à Suécia -, com tudo o que nela havia, dinheiro ilimitado para a construção de um castelo-observatório, além de uma pensão anual que o tornaria um dos homens mais ricos do reino.

Através do seguinte instrumento real, datado de 23 de Maio de 1576, o *"conto de fadas"* astronômico se tornaria realidade:

"Nós, Frederico Segundo, etc., damos a conhecer a todos que, por especial favor e graça, transferimos e concedemos em prêmio, e ama por esta nossa carta aberta, transferimos e concedemos ao nosso amigo Tycho Brahe, filho de Otto, de Knudstrup, nosso varão e servo, a terra de Hven, com todos os nossos arrendatários e servos, e os da coroa, que aí vivem, com todas as rendas e os encargos daí oriundos, e que são dados a nós e à coroa, para que a possua, use e retenha, quite e livre, sem qualquer renda, por toda a vida, e enquanto quiser continuar e seguir os seus studia mathematices [...]."

A fábula de *Uranienborg* ou "O Castelo de Urânia" – musa da astronomia - começava a ser contada. Sua construção consumiu quatro anos, e quase 1% de toda a receita do reino durante sua construção, de 1576 a 1580. Tycho viveria seu sonho por 20 anos, abandonando a ilha em 1597. Esta maravilha e patrimônio da humanidade seria destruída em 1601, ano em que seu idealizador faleceria - bem longe dali. Atualmente, Uranienborg encontra-se em restauração.

O edifício principal era quadrado, com 15 metros de comprimento em cada um dos lados, e construído tijolo vermelho. Duas torres semicirculares, uma do lado norte - que abrigava a cozinha - e outra do lado sul do edifício - abrigando a biblioteca -, davam ao prédio um aspecto intermediário entre o *"Palazzo Vecchio e o Kremlin"* (Koestler). O andar principal consistia de quatro quartos, um dos quais era ocupado por Tycho e seus familiares, e os demais por astrônomos visitantes. O segundo andar era dividido em três quartos, dois de tamanho igual e um maior - reservado à realeza; este andar também abrigava os instrumentos astronômicos principais. No terceiro e último andar havia uma espécie de *loft*, subdividido em oito pequenos quartos para os estudantes.

> *"[...] com a fachada renascentista encimada por uma cúpula em formato de cebola, flanqueada por torres cilíndricas, cada uma com teto retirável, protegendo os instrumentos de Tycho, e circundadas por galerias com relógios, quadrantes solares, globos e figuras alegóricas. Na base estava a tipografia particular de Tycho, alimentada pela sua própria fábrica de papel, a fornalha de alquimista e uma cela particular para os súditos insubordinados. Tycho dispunha também da sua própria farmácia, das reservas de caça e de tanques artificiais de peixes; o que lhe faltava apenas era o alce domesticado, o qual lhe havia sido enviado, mas que jamais chegou à ilha. Ao passar uma noite no Castelo de Landskroner, galgara uma escada entrando num aposento vazio onde bebera uma cerveja tão forte que, ao descer, tropeçara, quebrara a perna e morrera. Na biblioteca, achava-se o grande globo, celestial, com cinco pés de diâmetro, feito de latão, sobre o qual, durante vinte e cinco anos, foram as estrelas fixas gravadas uma por uma, após lhes terem sido as posições exatas determinadas por Tycho e os seus assistentes no processo de refazer o mapa do céu; custara cinco mil dólares, o que equivalia a oitenta anos do salário de Kepler. No gabinete do sudoeste, o arco de latão do maior quadrante de Tycho — com catorze pés de diâmetro — estava preso à parede; o espaço dentro do arco era preenchido por um mural representando o próprio Tycho rodeado dos instrumentos. "*

Uranienborg estava cercado por altas muralhas, localizado bem no centro do terreno, cercado por jardins e cultivos de ervas medicinais - amplamente investigadas e utilizadas por Tycho. Estes jardins também estão sendo recriados com a recuperação de sementes encontradas no local ou descritas nos textos deixados por Brahe. Todo este trabalho, esta fantástica extravagância, para descobrir que os instrumentos montados na torre eram muito sensíveis ao vento; o obstinado, meticuloso e rico cientista partiria então para a construção de outro observatório em um local mais apropriado, resultando no *"Castelo das Estrelas"* ou *Stjerneborg*, totalmente subterrâneo, com tetos removíveis.

> *"[...] as construções estavam repletas de dispositivos e máquinas automáticas, inclusive estátuas girando sobre mecanismos ocultos, e um sistema de comunicações que lhe permitia tocar uma campainha na sala de qualquer dos assistentes. Os hóspedes julgavam que ele os chamava por artes mágicas. Era uma procissão de visitantes, sábios, cortesãos, príncipes, realeza, inclusive o rei James VI da Escócia. A vida em Uranienborg não era precisamente o que se pode esperar ser a rotina da família de um acadêmico, e sim a de uma corte da Renascença. Sucediam-se os banquetes aos visitantes ilustres, presididos pelo infatigável, bebedor, gargantuesco anfitrião, discutindo as variações da excentricidade de Marte, esfregando unguento no nariz de prata, e atirando, de vez em quando, petiscos ao bobo Jepp, sentado aos seus pés, debaixo da mesa, tagarelando sem cessar no meio da bulha geral. Jepp era um anão, com fama de possuir uma segunda vista, do que parecia dar prova espetacular em várias oportunidades. Tycho constitui realmente uma repousante exceção entre os gênios sombrios, torturados, neuróticos da ciência. Não foi, é exato, um gênio criador, mas apenas um gigante da observação metódica. Contudo, exibia toda a vaidade do gênio nos intermináveis arroubos poéticos. A sua poesia é até mais espantosa do que a do cônego Copérnico, e mais abundante na quantidade. Tycho nunca precisou de editor, visto que dispunha de uma fábrica de papel e de uma tipografia. Mesmo assim, os versos e epigramas invadiram os murais e ornamentos de Uranienborg e Stjerneborg, os quais abundavam em motes, inscrições e figuras alegóricas. A mais impressionante destas, adornando-lhe a parede do gabinete principal, representava os oito maiores astrônomos da história, de Timócares ao próprio Tycho, seguido de Tychonides, descendente ainda não nascido, com um título exprimindo a esperança de que viesse a ser digno do grande antepassado."*

A megalomania de Brahe, entre outros inumanos e quase tirânicos expedientes para com o povo de Hven, levaram à crise com o herdeiro do falecido Frederico, Christian IV:

> *"Os motivos que levaram Tycho a deixar o reino insular foram de caráter algo sórdido. [...] Tratava os inquilinos de maneira pavorosa, exigindo deles trabalho e bens aos quais não tinha direito, e trancafiando-os na prisão quando hesitavam. Era rude para com todos os que lhe desagradassem, inclusive o jovem soberano, Christian IV. O bom rei Frederico falecera em 1588 (de excesso de bebida, como Vedel indicou devidamente na oração fúnebre) e o sucessor, embora simpatizasse com Tycho, em cuja ilha mágica passara um delicioso dia, na infância. não tinha o menor desejo de fechar os olhos perante o escandaloso governo de Tycho em Hven. [...] Não respondeu a várias missivas do jovem rei, desafiou as decisões dos tribunais de província, e até do Supremo Tribunal de Justiça, mantendo um arrendatário e a família agrilhoados. Em resultado, o grande varão, já glória da Dinamarca, tornou-se personagem totalmente odiado em todo o país."*

O jovem rei responderia aos descabidos resmungos de Brahe com a seguinte condição para o retorno do célebre astrônomo - porém, e a esta altura, persona *non grata* em toda a Dinamarca:

> *"[...] ser respeitado por vós de maneira diferente, se quiserdes encontrar em nós um senhor e rei magnânimo."*

Brahe partiu com sua extravagante e quase circense comitiva em perambulação pela Europa, até Praga.

> *"Havia estado preparando a partida por vários anos, e quando deixou Hven, por volta da Páscoa de 1597, fê-lo com a habitual grandiosidade, viajando com um séquito de vinte pessoas — família, assistentes, criados e o anão Jépp — compreendendo a bagagem a tipografia, a biblioteca, os móveis, e todos os instrumentos (salvo os quatro maiores, que seguiram mais tarde)."*

Tycho e o seu circo particular continuaram a perambular por outros dois anos, e finalmente, em junho de 1599, chegaram a Praga, onde o imperador Rodolfo II designaria Tycho *"pela graça de Deus, como Mathematicus Imperial"*. O arrogante astrônomo teria mais uma vez seu próprio castelo e "uma renda indeterminado, que poderia subir a alguns milhares". Curiosamente as circunstâncias convergiriam para que Kepler e Brahe estivessem na mesma condição de exilados.

Em 28 de Setembro de 1598, e por força da Contra-Reforma católica, os protestantes ou *reformistas* foram obrigados a deixar Graz. Kepler, no entanto, gozava de alguns privilégios devido à sua fama, que lhe serviriam como uma certa imunidade em meio ao caos; mas ele sabia que seus dias estavam contados. Kepler acionou suas relações acadêmicas e trocou correspondências com Brahe por quase dois anos; até que, em Fevereiro de 1600, ele adentraria o seu mundo mágico no castelo de *Benatek*, perto de Praga, na Boêmia. Tycho Brahe, o *"maior astrônomo"* da época, o havia aceitado como assistente. O exílio, a arrogância, a prepotência, e a *"paixão pelas estrelas"*, sem mais afinidades, entrecruzariam os destinos destes dois personagens históricos; que, de fato, embora desconhecessem o fato, precisavam *desesperadamente um do outro*. Mas este encontro e convívio não seria nada fácil, durando apenas 18 meses, com a morte de Tycho, e antes que consumissem um ao outro; como nos conta Koestler:

> Desde o começo a relação se estabelecera em pé errado, em virtude de um inocente erro cometido pelo jovem Kepler. O episódio envolvia o amargo inimigo de toda a vida de Tycho, Ursus, e faz com que os pais da astronomia pareçam atores de uma opera buffa. Reymers Baer [o urso] começou a vida como guardador de porcos e terminou-a como Mathematicus Imperial, posto no qual iria suceder-lhe Tycho, cabendo a Kepler substituir Tycho. No século dezesseis, essa carreira exigia indubitavelmente dons consideráveis que, em Ursus, se aliavam a um caráter obstinado e duro, pronto sempre a esmagar os ossos das vítimas à maneira de abraço de urso. [...] Em 1584 visitou Tycho em Uranienborg, [...] um encontro algo excitante, como veremos. Quatro anos após tal visita, publicou Ursus os Fundamentos de Astronomia nos quais explicou o seu sistema do universo. Tratava-se, salvo alguns pormenores, do mesmo sistema realizado secretamente por Tycho, e que este ainda não publicara, pois desejava mais dados. Em ambos os sistemas a terra voltava ao centro do mundo, mas os cinco planetas giravam em torno do sol e, com o sol, em torno da terra. Era, evidentemente, o renascimento do sistema intermediário entre os de Heraclides e Aristarco de Samos. Por conseguinte, não era

absolutamente original o sistema de Tycho, mas tinha a vantagem de um compromisso entre o universo copernicano e o tradicional. Recomendava-se automaticamente a todos os que relutavam em antagonizar a ciência acadêmica, e, no entanto, desejavam 'salvar os fenômenos', e iria desempenhar papel importante na controvérsia de Galileu.

Na verdade, o sistema de Brahe ou *Tychonic*, também seria *descoberto*, independentemente, por outro estudioso alemão, Helisaeus Roeslin; como acontece com frequência com os inventos que *"pairam no ar"*, como no caso do *Cálculo* em Newton e Leibniz, ou da *Seleção Natural* para Darwin e Russel Wallace. Mas Tycho não engoliria esta estória. Reuniu provas incriminar Ursus:

[...] Tycho havia tomado precauções para que o seu discípulo Andreas partilhasse do mesmo quarto que Ursus; que enquanto este dormia [...]. - Koestler

Tycho declararia que seu fiel discípulo.

[...] retirara do bolso das calças do astrônomo um punhado de papéis, mas tivera medo de remexer no outro, desconfiando que o adormecido despertasse [...].

E ainda que Ursus, ao descobrir o que sucedera.

[...] se comportara como maníaco.

Ursus confirmara a estória de Tycho, mas rebateria as acusações sarcasticamente, alegando que as observações não contavam nada de novo.

[...] as quais lhe estavam debaixo do nariz, não havendo necessidade de lentes [...].

Foi nesse vespeiro que o ainda jovem Kepler entrou quando teve a ideia platônica de seu *Mysterium*, experimentou a ansiosa necessidade de partilhar seu júbilo e narcisismo com o mundo. E Ursus era o então *Mathematicus Imperial* em Praga; Kepler capricha na *puxada de saco*:

Existem homens curiosos que, desconhecidos, escrevem cartas a estranhos em países longínquos [e] a brilhante glória de vossa fama que vos faz o primeiro dos mathematici da nossa época, como o sol entre astros menores. – Kepler (Carta a Ursus; 1595)

Ursus ignorou a correspondência, até que Kepler constituiu sua própria fama. O inescrupuloso Ursus - sem a autorização de Kepler -, publicou a correspondência em seu livro *Nicolai Raimari Ursi Dithmarsi Fundamentum Astronomicum* (1597), onde reclamava a autoria do sistema "Tychonic", ofendendo Brahe "em termos ferozes":

Enfrentá-los-ei [Tycho e Cia.] como urso privado dos filhotes [...].

Citando a Bíblia em "Oséias 13", onde se lê a seguinte pérola da sandice judaico-cristã-islâmica:

"Como ursa roubada dos seus filhos, os encontrarei, e lhes romperei as teias do seu coração, e como leão ali os devorarei; as feras do campo os despedaçarão." - Oséias [13:8]

O grande 'urso' compara-se a uma 'ursa zelosa'. Tycho engoliu a trama da 'ursa', entendendo que Kepler era 'amigo de seu inimigo, logo seu inimigo'. Kepler esmerou-se em seu puxa-saquismo para acertar as contas com Tycho:

"[...] príncipe dos matemáticos, não somente da nossa época, mas de todas as épocas." – Kepler ('Carta a Tycho'; 1597)

Mas sem conhecer os pormenores desta luta titânica, Kepler pede a ninguém menos do que Ursus que envie um exemplar de seu 'Mysterium' ao arqui-inimigo Tycho! Tycho reagiu politicamente neste lance, louvando Kepler pelo brilho de seu 'Mysterium'. O astrônomo gabola escreveria:

"Todos estimam a si próprios, mas podemos ver a sua elevada opinião do meu método." – Kepler

Mais tarde Tycho escreveria a Maestlin criticando severamente o livro de Kepler e dando mostras de sua *dor-de-cotovelo*. Maestlin esclareceria a Kepler a confusão em que havia se metido, justamente quando necessitava do apoio do poderoso Brahe. Esta epístola kepleriana seria digna de nota, como *um marco do pedantismo em meio a gloriosos pedantes*:

"E então? Por que dá tamanho valor aos meus elogios [a Ursus]? [...] Se fosse homem desprezá-los-ia, se fosse sábio não os exibiria em público. A nulidade que eu era naquele tempo procurava um varão famoso que elogiasse o meu novo descobrimento. Pedi-lhe uma dádiva e foi ele que extorquiu do pedinte uma dádiva [...]. O meu espírito pairava no ar e desfazia-se de júbilo pelo descobrimento. Se, no desejo egoísta de lisonjeá-lo, derramei palavras que superaram a minha opinião a respeito dele, a explicação está na impulsividade da juventude."

E assim por diante. Até uma vacilante e atrapalhada admissão; afinal quem muito diz, quem muito exagera, corre o risco de meter os pés pelas mãos. Neste sentido, Kepler pareceria um contorcionista ao tomar as "regras trigonométricas" contidas nos 'Fundamentos de Astronomia' de Ursus como de autoria do mesmo. Ledo engano, demonstrando pouca ou nenhuma familiaridade com os textos de Euclides, e sobeja ignorância matemática para a época! Tycho não perdeu a deixa, tripudiando ainda mais sobre o enrolado caminho escolhido pelo abusado Kepler.

Mais tarde Tycho condicionaria o convite a Kepler a uma retratação pública, divulgando um panfleto sobre a *"impulsividade de sua juventude"* na admiração por Ursus, e prestando contas de sua certeza sobre quem seria o verdadeiro *"príncipe dos matemáticos e astrônomos"*. Embaraçoso? Muito! Tycho escreveria a Kepler em dezembro de 1599:

> *"Já vos informaram, sem dúvida, que fui aqui graciosamente chamado por sua Imperial Majestade e acolhido da maneira mais amiga e benévola. Muito desejaria que viésseis aqui, não forçado pela adversidade da sorte, mas por vossa vontade e desejo de estudo comum. Seja qual for, porém, o motivo, encontrareis em mim um amigo que vos não negará conselho e auxílio na adversidade, e sempre estará ao vosso dispor. Se vierdes logo, talvez encontremos meios para que vós e vossa família tenhais um futuro melhor. Vale. Dado em Benatek, ou Veneza da Boêmia, em 9 de dezembro de 1599, pelo próprio punho do vosso Tycho Brahe."*

Quando a carta chegou a Graz, Johannes já estava a caminho do histórico encontro com Tycho. Brahe, por sua vez.

> *"Tomara posse do castelo em agosto de 1599 — seis meses antes da chegada de Kepler — e começara imediatamente a derrubar paredes e erguer outras, pretendendo construir outra Uranienborg, e anunciando a intenção em poemas de alto voo inscritos sobre a entrada do futuro observatório. [...] já tinha brigado com o Diretor dos Estados Coroados, senhor da bolsa, havia-se queixado com o imperador e ameaçado abandonar a Boêmia, explicando ao mundo quais os motivos. Também vários dos ajudantes [...] não se haviam apresentado, e os maiores instrumentos tinham parado na longa jornada de Hven. Pelo fim do ano a peste eclodiu, obrigando Tycho a refugiar-se com Rodolfo na residência imperial [...], e a ministrar-lhe um secreto elixir contra a epidemia. Para aumentar os aborrecimentos [...], Ursus, que desaparecera de Praga, [...] regressara, tentando criar distúrbios; e a segunda filha de Ticho, Elisabeth, mantinha relações ilícitas com um dos assistentes do pai [...]."* – Koestler

Kepler.

> *"[...] sonhara Benatek como sereno templo de Urânia; o que viu foi uma casa de loucos, apinhada de trabalhadores, inspetores e visitantes, e o terrível séquito de Brahe, inclusive o sinistro anão Jepp, acocorado debaixo da mesa durante as refeições tumultuosas e intermináveis [...]."*

Kepler chega a Praga e escreve ao "príncipe", que responde prontamente desculpando-se pela impossibilidade de dar-lhes as boas vindas em função da "iminente oposição de Marte e Júpiter, que seria seguida de um eclipse lunar", alegando haver convidado o astrônomo a Benatek:

> *"[...] não tanto como hóspede, mas como apreciadíssimo amigo e colega na contemplação dos céus."*

As palavras certas de Koestler assim *encontram o encontro histórico*:

> *"Finalmente, em 4 de fevereiro de 1600, Tycho de Brahe e Johannes Kepler, cofundadores de um novo universo, viram-se frente a frente, nariz de prata contra face sarnenta. Contava Tycho cinquenta e três anos de idade, e Kepler vinte e nove. Tycho era aristocrata, Kepler plebeu; Tycho um Creso, Kepler um pobretão; Tycho um dinamarquês ilustre, Kepler um cão sarnento. Opunham-se em todos os pontos, salvo um: a disposição irritável, colérica. O*

resultado eram constantes atritos, que explodiam em calorosas discussões, seguidas de reconciliações meio frias. Tudo isso porém na superfície. Na aparência, tratava-se do encontro de dois hábeis estudiosos, cada um determinado a empregar o outro para os seus fins. Mas debaixo da superfície, sabiam ambos, com a certeza de sonâmbulos, que tinham nascido para completar-se; que era a gravidade da sorte que os unira. A relação entre eles iria alternar-se sempre entre esses dois níveis: como sonâmbulos, caminhavam de braços dados através de espaços não traçados; nos contatos da vida desperta, cada um despertava no outro o pior do caráter, como que por indução mútua."

A chegada de Kepler mexeria com a rotina de Benatek. Tycho havia confiado a missão de estudar de Marte, o mais complexo dos planetas, a seu escassamente brilhante colaborador desde a ilha de Hven, Christen Longomontanus; agora ele precisaria reconsiderar a questão, decidindo entre Kepler e aquele que havia declarado existir um quadrado no círculo, aderindo a sonoros equívocos de seu mestre sobre a refração, e acreditando que os cometas eram mensageiros do mal.

"A decisão foi de momentosa importância." – Koestler

Felizmente, e distraidamente, Tycho encarregaria a órbita de Marte a Kepler; ao que o gabola responderia com a aposta de que concluiria o tema em 8 dias. Brahe não viveria para cobrar a dívida, já que os oito dias seriam de fato contados em anos, oito anos, culminando com sua 'Astronomia Nova', em 1609. A *idée fixe* de Kepler estaria suspensa por enquanto, enquanto os precisos dados de Brahe eram esparramados diante de si:

"[...] de tal forma se apoderaram de mim que quase enlouqueci."

O platonismo filosófico e ingenuamente geométrico de Kepler cederia lugar à *"escrupulosidade do método de Tycho"*, e só então ele entenderia o verdadeiro significado e fim da Astronomia:

"Os fatos incorporados nos dados de Tycho, a escrupulosidade do método de Tycho, agiram como pedra de moinho na inteligência fantasiosa de Kepler." - Koestler

Kepler começava a perceber o viés em seu destino:

"Tycho possui as melhores observações, e, por assim dizer, o material para a construção do novo edifício; possui também colaboradores e tudo quanto deseja. Falta-lhe apenas o arquiteto capaz de pôr tudo isso em uso, de conformidade com o seu projeto, porque, apesar de dispor de uma feliz inclinação e verdadeira habilidade arquitetural, está obstaculizado no progresso pela multidão dos fenômenos e pelo fato de se encontrar a verdade profundamente oculta neles. Agora, a velhice o persegue, enfraquecendo-lhe o espírito e as faculdades."

Tycho envelhecia.

"As leis do universo estavam lá, nas suas colunas de números, mas 'por demais profundamente ocultas' para que ele as decifrasse. Deve também ter compreendido que somente Kepler lograria êxito naquela tarefa e que nada lhe impediria conseguir a vitória; que seria aquele grotesco pretensioso, e não o próprio Tycho, não os esperados Tychonidas do mural de Uranienborg, quem colheria o fruto do trabalho." - Koestler

Meio resignado, meio intimidado pela força do destino, Tycho trataria, ao menos, de todo a resistência possível a Kepler, e isso terminaria servindo de impulso ao ambicioso sarnento. Kepler queixa-se com frequência em sua correspondência:

"Tycho não me deu oportunidade de participar das suas experiências. Só durante as refeições e, entre outros assuntos, mencionava, de passagem, hoje o numero do apogeu de um planeta, amanhã os nodos de outro."

Como quando atirava restos e ossos a Jepp, mas percebendo estar diante de um gigante. Kepler chegou a negociar dados e informações com astrônomos rivais de Ticho, oferecendo dados de seu empregador. Que lástima! Todo este desgaste transcorreria ao longo de um ano e meio; mas logo nos dois primeiros meses de convívio. Em 5 de Abril a tensão explodiria entre eles, deixando o futuro da cosmologia por um fio. Isso, graças a uma carta dirigida por Kepler a Tycho, reclamando formalmente sobre as condições de hospedagem, alimentação, remuneração, privacidade e, finalmente, de trabalho. Ao cabo de uma semana, e tendo Kepler tomado o rumo de Graz, o *"pêndulo oscilou para a outra extremidade"*, e Kepler escreveria um atormentado pedido de desculpas a Tycho. Optei, seguindo o exemplo de Koestler, em reproduzir tal carta quase na íntegra, dada a enormidade de revelações sobre a imatura e ambiciosa sina deste Johannes:

"A mão criminosa que, no outro dia, foi mais veloz que o vento em infligir injúria, mal sabe como deve fazer para desculpar-se. Que direi antes? A minha falta de autodomínio, coisa que só posso recordar com a maior dor, ou os vossos benefícios, nobre Tycho, que não podem ser enumerados nem avaliados segundo o mérito? Por dois meses, mais do que generosamente, cuidastes das minhas necessidades [...] destes-me provas de amizade, permitistes-me partilhar das vossas posses mais queridas [...]. Em resumo, nem a vossos filhos, nem a vossa esposa, nem sequer a vós próprio vos dedicastes mais do que a mim [...]. Portanto, penso, com o mais profundo desalento, que Deus e o Espírito Santo me entregaram a tal ponto aos meus impetuosos ataques e ao meu espírito doentio que, em vez de mostrar moderação, por três semanas, de olhos fechados, só cuidei de viver numa rancorosa obstinação contra vós e vossa família; que, em vez de vos agradecer, revelei uma cólera cega; que, em vez de vos mostrar respeito, revelei a maior insolência contra a vossa pessoa que, pela ascendência nobre, eminente saber e grande fama, merece todo respeito; que, em vez de vos mandar uma saudação amigável, me deixei levar pela suspeita e pela insinuação, quando a amargura me corroía [...]. Jamais considerei quão cruelmente vos devo ter magoado com tão desprezível comportamento [...]. Apresento-me a vós como postulante para, em nome da piedade Divina, vos rogar perdão pelas terríveis ofensas que vos dirigi. O que eu disse ou escrevi contra a vossa pessoa, a vossa fama, honra e posição científica [...] retrato em todas as partes, e o declaro voluntariamente, e

livremente, não válido, falso e malsão [...]. Prometo, outrossim, sinceramente, que daqui por diante, esteja onde estiver, não somente reprimirei atos, palavras, feitos e escritos tão tolos, como também não vos ofenderei nunca, nem de maneira nenhuma, injusta e deliberadamente [...]. Visto, porém, serem enganosas as disposições dos homens, peço-vos que, cada vez que notardes em mim qualquer tendência para tão insensata maneira de comportamento, me lembreis; haveis de ver-me obediente. Prometo mais [...] prestar-vos serviços de toda espécie e [...] assim provar, pelos atos, que a minha atitude para com a vossa pessoa é diferente, e sempre foi diferente, do que se pode concluir da estouvada condição do meu espírito e do meu corpo nestas últimas três semanas. Rogo a Deus me ajude a cumprir a promessa."

Mas, interdependiam-se.

"[...] Tycho não dependia menos de Kepler do que Kepler de Tycho. Nos contatos mundanos, Tycho era o ancião da tribo, Kepler o adolescente mal educado e resmungão. Mas no outro nível, as coisas invertiam-se: Kepler era o mágico de quem, esperava Tycho, sairia a solução dos problemas, a resposta às suas frustrações, a fuga da derrota definitiva; e, por mais estouvadamente que os dois se comportassem, como sonâmbulos, ambos sabiam de tudo isso. Por conseguinte, três semanas depois da briga, Tycho apareceu em Praga e levou Kepler de volta a Benatek, na carruagem. Quase podemos ver o braço gordo de Tyge dentro da manga de perna de carneiro, esmagando os ossos de Kepler num abraço afetuoso."

Mas apesar disso, em uma viagem a Graz, Kepler enviaria correspondência a Maestlin e ao arquiduque Fernando II de Habsburgo, a quem dedicaria um tratado sobre o eclipse solar, mencionando pela primeira vez os rudimentos da gravidade, *"uma força na terra"* – uma força que *"diminuía proporcionalmente à distância"*. Kepler tentava escapar de sua dependência torturante do mundo de Brahe! Mas Fernando tinha outras prioridades em seu *'universo' particular e infernocentrado*, e estava bem mais preocupado em varrer a heresia dos seus domínios. O Sacro Imperador Romano-Germânico conclamaria todos os protestantes a abraçar a fé cristã católica, ou partirem imediatamente – e sem exceções. Kepler decidiria partir, aceitando o exílio e todas as consequências derivadas, mas tentaria, uma vez mais, evitar retornar a Benatek:

"Mandou um derradeiro apelo a Maestlin, que se inicia com uma dissertação sobre o eclipse do sol em 10 de julho, por ele observado mediante uma câmera obscura de sua construção, erguida no meio da praça do mercado de Graz, com o duplo resultado de um ladrão lhe roubar a bolsa com trinta florins, enquanto Kepler descobria uma nova e importante lei óptica." - Koestler

Kepler demonstra desespero e esmera-se em indiretas, alegando estar disposto a viajar com sua família Danúbio abaixo, para os braços do mestre; podendo até mesmo aceitar uma modesta cátedra que Maestlin, *"indubitavelmente"*, não lhe negaria. Termina pedindo a Maestlin que ore por ele. Ao que Maestlin responderia positivamente somente ao pedido de orações em favor do *"firme e valoroso mártir de Deus"*. Alegou não estar em condições de ajudar, e não mais responderia ao pupilo por mais de 4 anos.

De volta ao castelo de Tycho, e sem outras alternativas, Kepler receberia como primeira incumbência a contestação cabal das hipóteses astronômicas de Ursus - que já havia morrido. Tycho perseguia o rival *"além-túmulo"*! Depois foi solicitado a escrever outra refutação, desta vez contra um médico da corte de James da Escócia, que teve a petulância de questionar as teorias de seu empregador sobre os cometas.

Kepler e Tycho distavam apenas dois meses do encontro com um evento decisivo em suas vidas. Não seriam suficientes os disparates astrológicos para descortinar a força aleatória do destino, quando Tycho – famoso por entreter a nobreza, e famoso beberrão - é convidado para um jantar ilustre pelo barão Rosemberg, em Praga. Assim Kepler registraria, com surpreendente frieza, o desenlace dos acontecimentos em seu *'Diário de Observações'*:

> *"Em 13 de outubro, Tycho Brahe, na companhia de Mestre Minkowitz, jantou à mesa ilustre de Rosenberg, e reteve a urina além das exigências da cortesia. Ao beber mais, sentiu que aumentava a tensão na bexiga, mas deixou que a polidez antecedesse a saúde. Quando voltou para casa, mal conseguiu urinar. No começo da enfermidade, a lua achava-se em oposição com Saturno [segue-se o horóscopo do dia]. Após cinco noites de insônia, só lograva urinar com enorme dificuldade, e mesmo assim a passagem ficava impedida. A insônia continuou, com uma febre interna a levar gradativamente ao delírio; o mal era exacerbado pela comida que ele ingeria. Em 24 de outubro, o delírio cessou por várias horas; a natureza venceu e ele expirou tranquilamente entre o consolo, as orações e lágrimas da sua gente. Assim, a partir dessa data, a série de observações celestes ficou interrompida, e concluíram-se as suas, de trinta e oito anos. Na derradeira noite, repetiu várias vezes estas palavras, como alguém que estivesse a compor um poema: Não pareça a ninguém ter sido inútil minha vida. Sem dúvida, queria que tais palavras fossem acrescentadas ao cabeçalho das suas obras, dedicando-as assim à lembrança e ao uso da posteridade."*

Apenas dois dias após os funerais de Tycho, cercados por pompa e circunstância, em 6 de Novembro de 1601, o imperador Rodolfo II nomearia Kepler, na qualidade de sucessor de Brahe, *Mathematicus imperial*. Kepler honraria o posto.

> *"Ne frustra vixisse videar! [Não me deixe parecer ter vivido em vão]"* – Tycho Braher (a Johannes Kepler, no leito de morte)

3.   *Mysterium*

"Para encontrar a verdade basta que o sábio se confronte com a natureza e a interrogue seguindo o método experimental com a ajuda de meios de investigação cada vez mais perfeitos. Assim sendo, penso que o melhor sistema filosófico consiste em não ter nenhum."
Claude Bernard
historiador da ciência francês, inventor da medicina
experimental baseada em evidências

"Tenho o resultado, mas ainda não sei como obtê-lo."
Friedrich Gauss

Por centenas de anos a crença geral foi de que Tycho teria morrido de complicações na bexiga. Reza a lenda ainda que Brahe era dado a reter suas funções urinárias para não perder uma boa conversa, ou ainda que teria evitado deixar a mesa e o banquete por uma questão de *"boas maneiras"* - tendo isso afetado sua bexiga e cobrado sua vida. Não existe paridade para o fenômeno na experiência médica moderna, e Tycho não era o tipo de homem que pudéssemos reputar de introvertido ou excessivamente preocupado com a opinião alheia; muito embora essa versão tenha sido suportada pelo relato do próprio Kepler.

Investigações recentes e recursos da diagnose médica do terceiro milênio sugerem que Tycho morreu em consequência elevação de ureia no sangue, ou *Uremia*; não podemos descartar a possibilidade de uma *prostatite bacteriana aguda*, câncer de próstata, ou outras complicações correlatas. Especulou-se também sobre a hipótese de envenenamento involuntário por mercúrio, quando níveis extremamente tóxicos foram encontrados em seus cabelos durante uma exumação de seu corpo em 1901. Tycho poderia haver envenenado a si mesmo tomando medicamentos contendo impurezas *não-intencionais* de cloreto de mercúrio – afinal era alquimista.

Um livro sensacionalista e difamatório escrito em 2005, pelo casal Joshua e Anne-Lee Gilder, acusa Kepler de tramar e executar o assassinato de Brahe, apenas por "ser alquimista". Trata-se da falácia conhecida por *'Cum hoc ergo propter hoc'*, ou: 'se Brahe morreu envenenado por mercúrio, alquimista manuseavam mercúrio, e Kepler era alquimista, logo Kepler matou Brahe. Eles consideram por isso que Kepler tinha os meios e a oportunidade, e os dados de Brahe eram o motivo. Vários e inegáveis fatos refutam esta delirante e difamatória tese; portanto, *não percamos tempo com este tipo de tabloides!*

Finalmente, e isso sepulta as especulações, cientistas dinamarqueses exumaram os restos mortais de Brahe mais duas vezes, em Fevereiro de 2010 e

Novembro de 2010, analisando com tecnologia do terceiro milênio os ossos, cabelo, pelos da barba e roupas do astrônomo. A equipe da Universidade de Aarhus, liderada por Jens Vellev, somente concluiria o seu meticuloso trabalho dois anos depois, em Novembro de 2012; os resultados indicam inequivocamente que não havia suficiente mercúrio – ou qualquer outra substância química letal - que pudesse fundamentar qualquer tese de assassinato.

> *"[...] é impossível que Tycho Brahe tenha sido assassinado."*

Os resultados foram confirmados por outra equipe de cientistas, desta vez da Universidade de Rostock, que examinou novamente as amostras de pelos da barba de Brahe que haviam sido tomadas em 1901; apesar dos vestígios de mercúrio, estes estavam presentes apenas nas camadas mais externas, decorrente da "precipitação de poeira de mercúrio do ar durante as atividades alquímicas de por um longo período [por Brahe]". O seu corpo está sepultado na Igreja de Týn, na Praça da Cidade Velha em Praga, perto do Relógio Astronômico.

Kepler seria o *Mathematicus imperial* por doze anos, desde a morte de Brahe até 1612. Este foi o seu período mais produtivo e brilhante, gozando de certa estabilidade financeira e psicológica, além dos dados e recursos instrumentais de Brahe. Finalmente Brahe deixa para trás os seus dados, e o seu legado estaria em boa companhia. Kepler tenta esconder a procedência dos dados, o que abre espaço para mais suspeitas sobre uma possível conduta criminosa; hoje amplamente consagrada como infundada [mais uma vez a falácia retórica e intelectiva conhecida por *Post hoc ergo propter hoc*, ou 'depois disso por causa disso'. O fato de Kepler omitir a procedência dos dados, na tentativa de levar todo o mérito do trabalho desenvolvido, o que é execrável, não significa que ele necessariamente tenha planejado e executado o assassinato de Brahe.

Em uma correspondência a um admirador inglês de seu trabalho, admite:

> *"Confesso que quando Tycho morreu me vali imediatamente da ausência, ou da falta de circunspecção, dos herdeiros, para apoderar-me das observações, ou talvez para usurpá-las [...]. A causa dessa briga está na natureza desconfiada e nas más maneiras da família Brahe, mas por outro lado também no meu caráter apaixonado e zombeteiro. Deve admitir-se que Tengnagel tinha razões importantes para suspeitar de mim, pois eu estava de posse das observações e me recusava a entregá-las aos herdeiros [...]."*

Desta catarse intelectiva nasce a obra que poderíamos reputar de marco 'zero' do intento científico moderno; '*Astronomia Nova*' revela ao mundo duas de suas autênticas leis naturais, contendo hipóteses e proposições precisas e verificáveis por meio do confronto com a realidade, através de experimentação e provas. Tal intento é comparável, em magnitude, às Leis de Newton, de Maxwell, e à famosa asserção de Einstein. Isso, apesar de abolir o formato acadêmico, adotando uma linguagem por vezes prosaica, por vezes poética, com trechos de um exagero quase barroco, e sempre gabola. Kepler escreve em seu Prefácio:

> *"O que me importa, não é apenas dizer ao leitor o que devo dizer-lhe, mas acima de tudo apresentar-lhe as razões, os subterfúgios e os felizes acasos que me conduziram aos descobrimentos. Quando Cristóvão Colombo, Magalhães e os portugueses narram como se perderam nas viagens, não somente lhes perdoamos, como também sentiríamos perder-lhes a narrativa, pois sem ela perdido estaria todo o grande entretenimento. Portanto, não me censurarão se, impelido pelo mesmo afeto ao leitor, eu seguir o mesmo método."*

Whitehead, em 'Science and Modern World' (1953), ressaltaria que:

> *"Em todo o mundo e em todos os tempos houve homens práticos, absortos em fatos irredutíveis, e obstinados. Em todo o mundo e em todos os tempos houve homens de temperamento filosófico, absortos na tecedura de princípios gerais. É essa de apaixonado interesse pelos fatos pormenorizados com igual dedicação à generalização abstrata que forma a novidade de nossa sociedade."*

Existem muitas variantes para a atitude científica, mas destemor diante do descortinar da realidade, o amor pela verdade, uma honestidade inabalável frente ao seu trabalho, e a obstinação empertigada, farão parte deste caminho. Tal disposição será moldada pelo grau de extroversão, convergindo para a discrição de homens como Darwin, Copérnico, Einstein, para a gabolice de personagens como Kepler e Hubble, a arrogância decisiva de figuras como Brahe, Galileu, Newton e Huxley - ou uma mistura de algumas destas facetas.

No *'Mysterium'* Kepler deseja que os fatos se ajustem à sua teoria, no 'Nova', a verdade é endereçada pela observação dos padrões que regem a liberdade, e confirmada pelos fatos. E Kepler terminaria seu trabalho com as seguintes palavras:

> *"E assim o edifício que erigimos, fundamentado nas observações de Tycho, foi por nós novamente destruído [...]. Eis o castigo por havermos seguido alguns axiomas plausíveis, mas na realidade falsos, dos grandes homens do passado."*

Platão, Aristóteles e Ptolomeu estariam varridos da Astronomia entrando para a História do Erro, da autoridade sobre os fatos, da causa sobre a verdade, da tentativa de "salvar os fenômenos" desprezando a realidade. Aristarco, Copérnico, Kepler e Brahe, reinariam soberanos, e uma nova etapa começaria, onde não mais seríamos seduzidos pela autoridade dos *"grandes homens"*, nem pela *"antiguidade"* de seus axiomas, constructos e dogmas. As falácias retóricas e intelectivas do *Ad Baculum, Ad Verecundiam, Ad Populum, Ad Antiquitatem*, tinham os dias contados dentro da nova atitude filosófica: a

Ciência. E Kepler segue adiante, liberto, derrubando mitos aristotélicos, como a gravidade, e endereçando a verdade:

> *"Logo, é claro que a doutrina tradicional acerca da gravidade está errada [...]. A gravidade é a tendência corpórea mútua entre corpos cognatos (isto é, materiais) para a unidade ou contato de cuja espécie é também a força magnética, de modo que a Terra atrai uma pedra muito mais do que uma pedra atrai a Terra [...]. Supondo que a Terra estivesse no centro do mundo, os corpos pesados seriam atraídos, não por estar ela no centro, mas por ser um corpo cognato [material]. Segue-se que, independentemente de onde colocarmos a Terra [...] os corpos pesados hão de procurá-la sempre [...]. Se duas pedras fossem colocadas em qualquer lugar do espaço, uma perto da outra, e fora do alcance da força de um terceiro corpo cognato, unir-se-iam, à maneira dos corpos magnéticos, num ponto intermediário, aproximando-se cada uma da outra em proporção à massa da outra. Se a Terra e a Lua não estivessem mantidas nas respectivas órbitas por **uma força espiritual ou qualquer outra força equivalente** [grifo meu], a Terra subiria em direção à Lua [...], cabendo à Lua descer [...], e assim se uniriam. [...] Se a Terra cessasse de atrair as águas do mar, os mares se ergueriam e iriam ter à Lua [...]. Se a força de atração da Lua chega até a Terra, segue-se que a força de atração da Terra, com maior razão, vai até a Lua e ainda mais longe [...]."*

Kepler está liberto, e estabelece alternativas naturais para o sobrenatural. O matemático e astrônomo francês, historiador da ciência, e diretor do famoso observatório de Paris, Jean Baptiste Joseph (1749-1822), *chevalier* Delambre, exclamaria extasiado:

> *"Voilà qui était neuf, vraiment beau, et qui n'avait besoin que de quelques developpements et que de quelques explications. Voilà les fondaments de la Physique moderne, céleste et terrestre."*

"Eis uma coisa nova, verdadeiramente bela, e que só precisava de alguns desenvolvimentos e de algumas explicações. Eis os fundamentos da física moderna, celeste e terrestre". Eis Kepler! A tarefa deste gigante está quase concluída. Em uma carta a um de seus mentores, Herwart, Kepler vai ainda mais fundo:

> *"O meu alvo é mostrar que a máquina celeste não é uma espécie de ser divino, vivo, mas uma espécie de relojoaria (e quem acreditar ter o relógio uma alma, atribui a glória do criador ao trabalho), tanto mais que quase todos os múltiplos movimentos são causados por uma força simplicíssima, magnética e material, precisamente como são causados por um simples peso todos os movimentos do relógio. E mostro também como a tais causas físicas se deve dar expressão numérica e geométrica."*

Mas Kepler jamais daria o golpe de misericórdia. Os deuses estavam sendo afastados cada vez mais dos fenômenos terrenos, e agora celestes, e passaria a residir apenas na origem, na arquitetura deste sistema, que segundo Kepler seguiria o seu curso como um relógio. Mas e a *"nova estrela"*? E a *supernova*? O que os deuses pretendiam com isso? O intencionalismo e o animismo evolutivo humano ainda não haviam sido contornados pelo conhecimento e pelos FATOS. A Ciência ainda não havia *'corrigido mais esta ilusão'*, mas a escalada seria apoteótica a partir deste ponto, e até que pudéssemos dispor de *'lentes mais bem ajustadas à leitura da realidade'*. Kepler teria o seu nome na História, e batizaria 400 anos depois a sonda espacial que nos ajudaria a procurar por planetas *extra-solares*.

Kepler, o astrônomo, parecia acalantar um clamor à guerra, que pode ser resumido em sua insuspeita Introdução ao 'Nova', um grito ainda abafado, mas indelével:

> *"Isso quanto à autoridade da Sagrada Escritura. Agora, no que tange às opiniões dos santos sobre esses problemas da natureza, respondo numa palavra, que na teologia só o peso da Autoridade, e na filosofia só o peso da Razão, é que são válidos. Logo, em santo era Lactâncio, que negou a esfericidade da terra; um santo era Agostinho, que admitiu a esfericidade, mas negou a existência dos antípodas [ou outros continentes na terra]. Sagrado é o Santo Ofício dos nossos dias, que admite a pequenez da terra, mas lhe nega o movimento; para mim, todavia, mais sagrada que tudo é a Verdade, quando eu, com todo o respeito dos doutores da Igreja, demonstro pela filosofia que a terra é redonda, circum-habitada por antípodas, de pequenez bem insignificante e a correr velozmente entre os astros."*

Bravíssimo! Mas sobreviria o anticlímax. Além de dificuldades homéricas com os herdeiros de Tycho, que impuseram condições à publicação do *Magnum opus* de Kepler, dificuldades de ordem financeira, atrasaram por mais 4 anos a publicação desta pérola - muito à frente de seu tempo -, quando já estava completa e devidamente revisada. A recepção desta revolução sem precedentes foi fria, gélida. Não houve patrocinadores, protetores, divulgadores, nem simpatizantes de qualquer espécie. Ele estava só! Maestlin deu o ar da graça após cinco anos de ausência e um incômodo silêncio, mas sua nota também seria modesta e pálida.

Alguns resmungos aqui e ali, como no caso do astrônomo alemão Peter Krüger:

> *"Tentando provar a hipótese copernicana pelas causas físicas, introduz Kepler estranhas especulações que não pertencem ao domínio da astronomia, mas ao da física."*

O clérigo e astrônomo amador Davi Fabrício está preocupado com o que seria "melhor", mas nada diz sobre 'endereçar a verdade':

> *"Com vossa elipse abolis a circularidade e uniformidade dos movimentos, o que me afigura tanto mais absurdo, quanto mais profundamente penso [...]. Se pudésseis preservar a órbita circular perfeita e justificar a vossa órbita elíptica por meio de outro pequeno epiciclo seria muito melhor."*

Mas não seria verdade. Um epiciclo a mais para *"salvar o fenômeno"* e afastar a realidade somente por não convergir com dogmas e postulados platônicos, aristotélicos e agora cristãos. Triste destino! Um pouco mais do mesmo. 'Revoluções' de Copérnico só entraria para o Índex em 1616, enquanto Kepler em sua *'Astronomia Nova'* e *'Harmonice Mundi'*, receberiam atenção e censura imediata.

[@]

Até que a *'boa nova'* chega galopante! Era um dia qualquer de Março, em 1610, quando um certo Johannes Matthaeus Wackher von Wackenfels - conselheiro privado de sua majestade e cavaleiro da 'Corrente de Ouro da Ordem de São Pedro', filósofo e poeta amador - chega esbaforido, excitado, anunciando que um tal Galileu de Pádua, valendo-se de um *"óculos para ver o céu"* inventado na Holanda, havia descoberto novos planetas. A notícia, para a época, equivalia à chegada do homem à Lua; e escrevo estas linhas no dia em que a sonda espacial *Rosetta*, lançado pela Agência Espacial Europeia (ESA), realiza um pouso bem sucedido no cometa *'67P/Churyumov-Gerasimenko'*. A notícia correu o mundo através das redes sociais, mas pouca gente sabe que – por exemplo – já pousamos uma sonda espacial em Titan - uma das luas de Saturno – e conhecemos seus lagos de metano líquido; a Huygens foi lançada de outra sonda não tripulada, a Cassini, que além de explorar os famosos anéis orbitou outra importante lua do planeta, Enceladus. A missão Cassini-Huygens foi lançada de Cabo Canaveral em 1997, e sobrevoou a Lua, Vênus, Júpiter, até alcançar Saturno em 2004; mas a missão durará até 2017. Entre outras maravilhas, a missão foi uma prova de fogo para a Relatividade Geral.

Mas ainda estamos na aurora do século XVII, enquanto Kepler exulta com a novidade:

> *"Experimentei maravilhosa emoção, ouvindo o interessante relato. Senti-me como vido no mais íntimo do ser [Wackher] estava radiante, febril; num instante rimos ambos da nossa confusão, depois ele continuou a narrativa e escutei [...]. Não havia como acaba-la [...]."*

Mas Kepler ainda estava preso aos seus sólidos perfeitos, e recusou-se a *crer* que os novos planetas girassem em torno do Sol. Mas *'Sidereus Nuncius'* (1610), 'O Mensageiro das Estrelas', logo seria publicado. Nas palavras de Koestler:

> *"Era o ataque com uma nova arma, um aríete, um aríete ótico, o telescópio."*

Quando Galileu convidou os *"sábios"* de seu tempo para uma espiadinha em seu telescópio, eles se recusaram. Ele ficou apoplético de tanta frustração:

> *"Quando quis mostrar os satélites de Júpiter aos professores de Florença, eles não quiseram ver nada, nem o telescópio. Essa pessoas acreditam que não existe verdade a ser procurada na natureza, mas apenas na comparação de textos."*

Galileu trazia a *ciência* em sua personalidade. Ele de fato não inventou o telescópio, nem o termômetro, nem o pêndulo - como dizem por aí. Mas foi um dos pais da Ciência Moderna, complementou as Leis de Kepler, defendeu sua pertinência de forma empertigada, e nos deu a Dinâmica – sendo esta última suficiente para que seu nome não fosse jamais esquecido. Galileu é também conhecido como *"O Pai da Física Matemática"* (Ronan; 'História Ilustrada da Ciência: Universidade de Cambridge'; 1987).

Este italiano ilustre, *mensageiro das estrelas*, nasceu em Pisa – de onde jamais atirou pesos, como reza a lenda – em 1564; morrendo em 1642, o ano de nascimento de Isaac Newton. O bastão seria passado por meio do legado científico deste imodesto explorador da realidade. Vicenzo Galileu, pai de Galileu, transmitiria ao filho os genes da aversão à autoridade; homem culto, de família nobre e decadente, escreveria:

> *"Parece-me que os que tentam provar uma asserção contando apenas com o peso da autoridade procedem bastante absurdamente."*

Sua denúncia da falácia retórica e intelectiva do argumento *Ad Baculum* ou *Apelo à Autoridade* estaria registrada para a posteridade; mas seu filho levaria esta confrontação à outro nível. Galileu, o filho, seria um intelectual de *segunda geração* às portas do Renascimento e livre do ambiente medieval. Sua genialidade e ácido sarcasmo, seriam marcas indeléveis de sua vida; seu talento foi notado pelos Médicis, parte e causa na Toscana, e mesmo sem formação acadêmica, foi nomeado professor na mesma universidade que antes lhe havia negado uma bolsa. Em 1592 seria nomeado para a Cátedra de Matemática na famosa Universidade de Pádua. Este foi o período mais produtivo de sua vida, 18 anos que mudariam a História.

Galileu desenvolveria os primeiros estudos sistemáticos da Dinâmica, do Movimento Uniformemente Acelerado – MUV - e do Movimento Pendular; também estudaria a Queda Livre, desbancando 2.000 anos de *constructos* aristotélicos, e a Balística; e enunciaria o Princípio da Inércia e o conceito de referencial inercial - conceitos precursores da mecânica newtoniana. Galileu melhorou significativamente o telescópio refrator – mas não o inventou - e com ele descobriu as manchas solares, as montanhas da Lua, as fases de Vênus, os quatro dos satélites de Júpiter, os anéis de Saturno e explorou a Via Láctea. Estas descobertas contribuíram decisivamente na defesa do *Heliocentrismo*. Contudo, a principal contribuição de Galileu seria o desenvolvimento e defesa do Método Científico e da atitude científica; pois até então, ciência assentava-se sobre a frágil base aristotélica, sendo confundida com a Filosofia.

Galileu desenvolveria ainda diversos outros instrumentos, como a balança hidrostática, o compasso geométrico, um tipo particular de termômetro, e aquele que seria o precursor do relógio de pêndulo. O método empírico, defendido por Galileu, constitui um rompimento total com o 'método' aristotélico, totalmente abstrato, mas tratado como 'lei sagrada' nesta época. Devido a este ato de genialidade e bravura, Galileu é – com justiça - considerado o 'pai da ciência moderna'.

"Não me sinto obrigado a acreditar que o mesmo deus que nos dotou de sentidos, razão, e intelecto, pretenda que não os utilizemos." – Galileu Galilei

Mas a ignorância religiosa não cassaria apenas Galileu e Giordano Bruno. A bíblia, em Crônicas [16:30], declara que "o mundo também deve ser estável, não se move" – por que temer o movimento (?); o Salmo [104:5] diz que "O Senhor lançou as bases da terra, que não devem ser removidas para sempre"; e ainda em Eclesiastes [1:5], está escrito que: "o Sol nasce, e se põe, e volta para o lugar onde estava". Santa ignorância! Literalmente. E com isso a Igreja se levantaria veementemente contra todos os que insistiam em ENDEREÇAR A VERDADE. Por que temer o movimento, a mudança, o CONHECIMENTO? Mas, uma religião fundada sobre um tal 'pecado original', o simples ato de desejar conhecer a diferença entre o certo e o errado, não poderia ser diferente. Esta explícito em Gênesis [2:17], sem espaço para metáforas ou oportunismos fundamentalistas:

"Mas da árvore do conhecimento do bem e do mal, dela não comerás; porque no dia em que dela comeres, certamente morrerás"

Vale notar que Adão não morreu conforme prometido por 'seu pai e criador', deus, senão após 930 anos. Vale notar ainda que nos tempos bíblicos, esta 'lei' poderia bem servir como uma eficiente advertência para que 'não questionassem o poder de deus, e principalmente de seus respectivos representantes e procuradores, dos líderes religiosos'. O poder, sem o bom entendimento entre o que é o que é certo e errado, estaria devidamente assegurado. Assim o julgo rabínico seria assimilado e sincretizado pelo Império Católico. Não ao movimento, não ao conhecimento, não à liberdade, não à VERDADE! Em nome de deus.

O mensageiro estelar seria liberto quando Galileu contava 46 voltas ao redor do Sol, estando à frente da Cátedra em Pádua, mantinha correspondência epistolar com Kepler, 7 anos mais jovem. As missivas começaram quando Kepler enviou uma cópia de seu 'Mistério Cósmico' a Galileu, que assim acusaria o recebimento do 'mimo':

"Não recebi há alguns dias, mas apenas há algumas horas, meu culto doutor, o livro que me enviastes [...]. Seria um ingrato realmente se não vos agradecesse imediatamente. Aceito o vosso livro com tanto mais gratidão, pois o tenho como prova de ter sido considerado digno da vossa amizade. Até agora só corri os olhos pelo prefácio, mas adquiri com isso uma ideia do intento, e me congratulo por ter, nos estudo da Verdade, um associado que é amigo da Verdade. É uma pena existirem tão poucos que persigam a Verdade e não pervertam a razão filosófica. Contudo, não cabe aqui deplorar as misérias deste nosso século e sim congratular-vos pelos brilhantes argumentos que apresentais em favor da Verdade. Só acrescentaria que prometo ler a obra tranquilamente, certo de nela descobrir as coisas mais admiráveis, e fá-lo-ei alegremente, uma vez que adotei os ensinamentos de Copérnico há muitos anos e o seu ponto de vista me permite explicar inúmeros fenômenos da natureza que, indubitavelmente, ficam inexplicáveis segundo as hipóteses mais correntes. Escrevi [conscripsi] inúmeros argumentos em apoio a ele e em refutação ao parecer oposto, mas até agora não ousei publicá-los, atemorizado pelo destino do próprio Copérnico, nosso mestre, que, embora adquirisse fama imortal com alguns, constitui ainda, para uma infinita multidão de outros (que tal é o número de tolos) objeto de ridículo e zombaria. Certamente ousaria publicar as minhas reflexões imediatamente se existisse mais gente como vós; como não existe, saberei conter-me."

Está assinado *"Galileu Galilei"*, em *"4 de Agosto de 1597"*. Muito é dito nesta carta, a *"Verdade"* é exortada em maiúsculo, o desprezo pela autoridade, mesmo diante de seu temor e o respeito pela ousadia heliocêntrica de Copérnico a quem chama de *"nosso mestre"*, e cujos *"ensinamentos"* alega haver adotado *"há muitos anos"*. Mas esta reveladora declaração contrastaria com o repudio público de Galileu pelas ideias copernicanas por longos dezesseis anos, desde a escrita desta carta, até sua primeira exposição pública de abraçar as 'Revoluções' do cônego, em 1613. Neste tempo Galileu lecionou o modelo 'padrão' para a época, sem objeções a Aristóteles e Ptolomeu, fazendo circular um manuscrito em 1606, onde contesta o movimento da Terra, alegando que *se tal disparate fosse levado a cabo nos desintegraríamos, deixando atrás de nós nuvens e pássaros.*

Neste ponto devo acrescentar uma vigorosa observação: houve um tempo em que o conhecimento não dependia de nenhuma adesão religiosa ou sobrenatural, este tempo adormeceu com os jônicos. Houve um tempo, antes de o cristianismo queimar bibliotecas e impedir a leitura de qualquer obra escrita, a começar pela própria bíblia, em que o conhecimento não dependia da adesão ao credo dominante. Depois houve um tempo onde o cristianismo censurou livros e queimou seus autores, de forma que qualquer ambição intelectual passava necessariamente por pertencer ao círculo eclesiástico; por isso o "cônego" Copérnico e o aspirante a "teólogo" Kepler, gravitaram em torno do poder católico cristão ou luterano. Brahe e Galileu estavam livres desta adesão, mas não estiveram livres de suas garras – principalmente Galileu. Isso não implica que o ambiente religioso tenha de alguma forma incentivado o conhecimento, e ao contrário, como demonstram as cinzas de Giordano Bruno e Servetus. O conhecimento foi obrigado a florescer no ambiente religioso, e apesar dele, e todos os meios foram empregados pela religião para sua obstrução, e isso não é privilégio de católicos romanos, sendo também um expediente luterano, calvinista, e ortodoxo. Os dogmas religiosos nunca estiveram a gosto com o anseio por saber mais, e por endereçar a verdade, desde a queda em Gênesis com Eva, ao questionar a autoridade vigente com o anseio por conhecimento, pelo justo discernimento entre certo e errado, bem e mal. Tal iniciativa, desde o primeiro ato 'criacionista', foi ameaçada com a pena de morte.

Quais eram os temores de Galileu - quando ao exortar a *"Verdade"* admitiu calar esta mesma verdade? Por que Kepler desafiaria seu temor com mais confiança? Uma mera questão de personalidade? É possível, mas Galileu daria mostras de sua ousadia mais adiante. Mas Kepler tinha motivos para temer as piras funerárias protestantes, acesas por Lutero e abanadas por Calvino, que queimariam Servetus. O Sacro Império Romano-Germânico católico avançou sobre o mundo de Kepler, afugentando os protestantes, quando o mesmo foi obrigado a exilar-se em Praga.

Galileu exibe um tal orgulho de sua reputação, que poderíamos até mesmo cogitar como parte da origem de seus piores temores – *conscripsi*:

"[...] ridendus et explodedum [...]."

O medo de ser *"escarnecido e vaiado"*. Mas algo mais o represava; talvez *o cheiro de carne queimada*.

Sucessivos gestos de autoritarismo têm refreado o avanço da Humanidade, como no caso de Aristarco de Samos, o primeiro a concluir corretamente que a Terra girava em torno do Sol – e não contrário. Calado pelo autoritarismo e a popularidade de Aristóteles. As releituras de Aristarco, antes de Galileu, foram levadas a cabo por Copérnico, Brahe e Kepler, que seriam ameaçados de morte, tendo suas obras listadas na grotesca censura à liberdade e ao pensamento: O ÍNDEX. Tais conhecimentos não puderam inspirar as seguintes gerações; porque os dogmas autoritários, guiados pela ambição, sempre atuaram de forma mais dura e rápida, orquestrando com astúcia o aparato do policiamento ideológico. Outro gigante, Giordano Bruno, não teve a mesma sorte de seus companheiros no livre-pensamento, tendo sido queimado vivo.

Do alto de sua nobreza moral e gigantismo intelectual, Bruno, enquanto ardia em chamas, encontrou na dignidade de seu gesto suficiente inspiração para dizer:

"Temem mais a minha morte os que me conduzem a ela, do que eu em aceita-la [...]."

Giordano Bruno foi queimado vivo por 'pensar', por especular sobre a magnitude do Universo. Bruno foi sentenciado e morto porque se atreveu a dizer que – além da Terra girar em torno do Sol - o Sol não era o centro do universo, mas uma das incontáveis estrelas no Universo – o que hoje sabemos ser verdade. O status do Sol, apenas como mais uma estrela, entre muitas, rendeu a Bruno, por heresia, a sentença a morrer na pira funerária. Este homem foi queimado vivo apenas por dizer a VERDADE. Ele quase foi calado, mas mesmo morto, os ecos da sua coragem e integridade intelectual chegaram até nós.

O cheiro da morte de Bruno exalava do Campo de Fiori, bem no centro de Roma, e chegava à Firenze dos Médicis. Muitos outros porta-vozes da razão e da verdade quase foram calados pelo terror e pela injustiça. Em 1545, o Concílio de Trento estabeleceria, entre outras medidas, reacenderia a fornalha do Tribunal do Santo Ofício, mas conhecida como "Inquisição", inaugurando concomitantemente o expediente censório do 'Index Librorum Prohibitorum'.

Hoje as piras funerárias católicas e protestantes estão apagadas, mas o cheiro ainda pode ser sentido. O cheiro fétido da ignorância. Ignorância presente também na Antiguidade Clássica, como no julgamento de Sócrates, um gigante solitário – e mal compreendido -, também morto pela sua Integridade Intelectual. Quando interpelado por seus algozes, e por insistir em suas dúvidas sobre o panteão de deuses gregos - que já não figuram em nenhuma parte senão em livros de Mitologia, assim como todas as demais religiões ancestrais criadas pelo homem -, uma última chance de abnegar da Verdade e permanecer vivo lhe foi oferecida. Sua resposta foi irônica – sendo a ironia o humor do intelectual que reconhece o nanismo de seus opositores – e ao mesmo tempo humilde. Mas não bastou. Eles desejavam – como sempre – 'submissão', e Sócrates tinha outros planos:

> *"Eu predigo-vos, portanto, a vós juízes, que me fazeis morrer, que tereis de sofrer, logo após a minha morte, um castigo muito mais penoso, por Zeus, que aquele que me infligis matando-me. Acabais de condenar-me na esperança de ficardes livres de dar contas da vossa vida; ora é exatamente o contrário que vos acontecerá, asseguro-vos [...]. Pois se vós pensardes que matando as pessoas, impedireis que vos reprovem por viverem mal, estais em erro. Esta forma de se desembaraçarem daqueles que criticam não é nem muito eficaz nem muito honrosa. [...] Vocês me deixam a escolha entre duas coisas: uma que eu sei ser horrível, que é viver sem poder passar meus conhecimentos adiante; a outra, que eu não conheço, é a morte [...] escolho, pois, o desconhecido!"*

Suas últimas palavras ironizaram sobre a fragilidade da vida:

"Críton, somos devedores de um galo a Asclépio; pois bem, pagai a minha dívida. Pensai nisso!"

O *'Index'* ou *'Índice dos Livros Proibidos'* listou livros e autores proibidos, execrados pela autoridade da Santa Sé. Esta pérola da sandice autoritária foi promulgada pelo papa Paulo IV em 1559, e referendada pelo Concílio de Trento. A última edição do *'Index'* foi publicada em 1948, sua trigésima-segunda edição, contendo invejáveis 4.000 títulos, selecionados entre o que de melhor foi entendido e escrito pelo homem. Esta seleta lista de assuntos variados, a começar pelo curinga da *"heresia"*, passando pela *"deficiência moral"*, sexualidade – implícita ou explícita -, "incorreção" política, etc.; sendo abolido somente em 1966, a partir de uma "Notificação" publicada oficialmente no L'Osservatore Romano, e promulgada por outro Paulo - o 'IV'. Foram mais de 400 anos de completa imbecilidade eclesiástica.

Obras de novelistas, cientistas, filósofos, enciclopedistas, ou pensadores como.

Galileu, Copérnico, Kepler, Giordano Bruno, Maquiavel, Erasmo de Rotterdam, Spinoza, John Locke, Berkeley, Diderot, Pascal, Thomas Hobbes, Descartes, Rousseau, Montesquieu, Hume, Kant, Voltaire, Francis Bacon, La Fontaine, Helvétius, Casanova, Sade, Victor Hugo, Flaubert, Alexandre Dumas, Pierre Larousse, Balzac, Émile Zola, Anatole France, André Gide, Jean Buridan, Simone de Beauvoir, Beccaria, Bentham, Bergson, Auguste Comte, d'Alembert, Erasmus Darwin, Edward Gibbon, Gioberti, Graham Greene, Heine, Malebranche, Michelet, Stuart Mill, Milton, Unamuno. entraram e saíram desta fantástica lista de preciosidades, que incluí majoritariamente gênios da Humanidade, alguns agraciados com prêmios Nobel, e que de alguma forma desagradaram aos 'deuses' – ou aos seus distribuidores autorizados.

Galileu temia o fogo, a autoridade e a vergonha. Lidando com semelhantes *"asnalhões"*, plenamente ignorantes, ou *doutos* ignorantes sobre a própria ignorância, tudo era possível. Mas ainda assim Galileu desafiaria o fogo, a autoridade e a execração pública, em nome da Verdade. Não seria possível calar para sempre! Koestler escreveria:

"Galileu é total e espantosamente moderno."

Não seria possível dizer o mesmo sobre Lucretius? Mas remonto a questão da correspondência entre Kepler e Galileu, que embora tenha iniciado de forma amistosa, viveria os seus momentos mais ácidos, quando as personalidades de seus protagonistas empenharam disputas e mexericos.

Ao contrário da lenda Galileu não inventou o telescópio, e renderia homenagens aos verdadeiros inventores holandeses ao dizer que o instrumento resultou de *"profundo estudo da teoria da refração"*. Mas Galileu certamente aprimoraria o instrumento, fazendo muito bom uso do mesmo.

Em 08 de Agosto de 1609 o senado veneziano seria convidado por ele para conhecer o seu *"óculos de alcance"* instalado estrategicamente na Torre de São Marcos. Assim veremos.

> *"[...] velas e navios, tão distantes que demoravam duas horas antes que os distinguissem a olho nu, entrando de velas desdobradas na enseada [...]."*

Por esta vantagem militar o soldo de Galileu seria duplicado e sua cátedra de Pádua declarada vitalícia. O telescópio aprimorado por Galileu também o uniria a Kepler. Se as três leis de Kepler prenunciavam verdadeiras leis modernas, *'Siderus Nuncius'* seria um marco como obra científica. Tratava-se de uma linguagem tão nova que parecia *'extraterrena'*; ao que embaixador imperial em Veneza objetaria:

> *"[...] exposição seca e jactância inflada, despida de qualquer filosofia."*

Diferentemente do estilo barroco e empolado de Kepler, o trabalho de Galileu mais se assemelhava a um periódico moderno de Física. Em apenas 24 páginas, podemos dizer que cada parágrafo vale por sua objetividade observacional:

> *"[...] que a superfície da lua não é perfeitamente lisa, livre de desigualdades nem exatamente esférica, como considera uma extensa escola de filósofos com respeito à lua e aos demais corpos celestes; pelo contrário, está repleta de irregularidades, é desigual, cheia de cavidades e protuberâncias, tal qual a superfície da própria terra, diversa por toda parte, com montanhas elevadas e vales profundos. [...] outras estrelas, miríades delas, jamais vistas antes, e que em número superam mais de dez vezes as conhecidas anteriormente."*

Estava deflagrada a guerra contra a perfeição platônico-cristã, e a Terra seria descendida ao status de um mero corpo celeste entre tantos e tantos outros. Apenas 10 anos separavam este mensageiro daquele queimado no Campo de Fiori, e por anunciar que existem muitos sóis e muitos planetas. Mas a Santa Sé estaria disposta a tudo para *"salvar seus fenômenos"* e manter o seu lucrativo e influente negócio da fé.

4. *Sidereus Nuncius*

"Afirmar que a terra gira em torno do sol é tão errôneo quanto afirmar que Jesus não nasceu de uma virgem."
Cardeal Bellarmino
julgamento de Galileu, 1615

"[Enquanto era queimado vivo e encarando de frente os seus algozes:] Sentem mais medo os que proferiram a sentença contra mim do que eu em aceita-la."
Giordano Bruno
execução de Giordano Bruno
na Pira Funerária Cristã, 1548

Galileu via a Via Láctea como uma *"incontável multidão de estrelas amontoadas"*, convergindo para um autêntico *grand finale*:

"Fica a questão que se me afigura ser tida pela mais importante nesta obra, isto é, a de eu revelar e publicar ao mundo o momento da descoberta e observação de quatro planetas, nunca vistos, desde o começo do mundo até os nossos tempos."

Mas Galileu estava equivocado quanto a isso. Ele, na verdade, estava vendo as 04 luas de Júpiter. Ele aponta no alvo errado e acerta onde não pretendia, mas acerta em cheio no Heliocentrismo:

"Além disso, temos um argumento excelente e excessivamente claro para tranquilizar os escrúpulos dos que podem tolerar a revolução dos planetas em volta do sol no sistema copernicano, mas ficam perturbados com a revolução da lua em torno da terra, ao mesmo tempo em que ambas descrevem uma órbita anual em volta do sol [...]."

Esta era uma mensagem clara aos *geocentristas* e um alerta para Kepler no tocante à Lua. Vale notar ainda que Galileu desconhecia o sistema do finado Tycho. Haviam muitos telescópios apontados para os céus na virada do século XVI, mas somente Galileu ousou publicar suas observações. E a reação ao libreto seria feroz! Enquanto as *'Revoluções'* de Copérnico passariam quase incólumes, e a *Magnus opus* de Kepler receberia uma acolhida fria – considerando o imbróglio de saltar de um tema a outro, embaralhando astrologia, ótica, machas lunares, a natureza do éter aristotélico, Copérnico, vida extraterrestre e viagens interplanetárias -, um tomo a ser digerido em um ano, o folhetim do 'Mensageiro' de Galileu podia ser digerido em uma hora.

As *"ondas de impacto"* deflagradas pelo *mensageiro* de Galileu repercutiram imediatamente pela Europa, atravessando o Canal da Mancha e chegando à Inglaterra. O ácido poeta e pastor anglicano John Donne, em seu 'Ignatius', praguejaria de forma satírica contra a Santa Sé – nomeando Copérnico,

Kepler, Brahe e Galileu -, e escrevendo em nome de "Lúcifer" em primeira pessoa:

"Escreverei ao Bispo de Roma, e ele chamará Galileu o florentino [...]."

Até mesmo Kepler ficaria atônito com as descobertas de Galileu, repetindo sem cessar:

"O infinito é impensável."

Galileu e seu *"tubo ótico"* provocara furor. Então, Magini de Bolonha, o principal rival intelectual de Galileu, convocaria a memorável reunião onde, nas noites de 24 e 25 de Abril, Galileu seria convidado a demonstrar suas descobertas. Uma pataquada seria encenada – nas palavras de Koestler:

"Nenhum dos numerosos e ilustres convidados se declarou convencido da existência delas. O padre Clavius, principal matemático de Roma, também não as viu; Cremonini, professor de filosofia em Pádua, recusou-se até a olhar pelo telescópio, imitado pelo colega Libri. Este último, digamos de passagem, morreu pouco depois, dando a Galileu a oportunidade de conquistar mais inimigos com o conhecido sarcasmo: 'Libri não quis ver as minhas bagatelas celestes quando estava na terra; talvez sim, agora que foi para o céu'."

Galileu descreveria o evento circense com as seguintes palavras:

"Quando quis mostrar os satélites de Júpiter aos professores de Florença, eles não quiseram ver nada, nem o telescópio. Essa pessoas acreditam que não existe verdade a ser procurada na natureza, mas apenas na comparação de textos."

Em 1610, com a publicação de *'Sidereus Nuncius'*, inicia-se a histórica contenda com o Vaticano, na figura do cardeal Roberto Bellarmino e com o próprio Papa Urbano VIII. Mas o 'santo' ofício viria mesmo ao delírio após a publicação do *'Dialogo di Galileo Galilei sopra i due Massimi Sistemi del Mondo: Tolemaico e Copernicano'* - por vezes abreviado para *'Dialogo sopra i due massimi sistemi del mondo'* [*'Diálogo sobre os dois principais sistemas do mundo'*] -, completado em 1630 e publicado em 1632; onde Galileu voltaria a defender o sistema Heliocêntrico.

O papa havia autorizado Galileu a expor suas ideias, sempre e quando apresentasse em seu discurso uma equivalência entre os dois sistemas - o Heliocentrismo e o Geocentrismo –, tratando a ambos como "plausíveis'", ou mesmo sugerindo que o Heliocentrismo não passava de pura especulação. Ele não levou em conta que se tratava de Galileu Galilei.

Galileu, então, cria uma obra que encerra um diálogo entre três personagens: Salviati (que defende o Heliocentrismo), Simplício (que defende o Geocentrismo, é retratado como estúpido, e com certas referências indiretas ao papa) e Sagredo (um personagem neutro, mas que termina sempre concordando Salviati). Podem imaginar o *quid pro quo*! É claro que a tramoia sarcástica de Galileu soou como um terrível insulto. Esta obra seria uma peça decisiva no processo movido pela 'santa' Inquisição contra o 'mensageiro das estrelas'.

Durante o julgamento, o acusador, o cardeal Bellarmino declarou que:

> *"Dizer que a Terra não é o centro do universo é o mesmo que dizer que a virgem Maria não foi fecundada pelo espírito santo."*

Um homem, a vida de um bom homem, um gigante como Galileu, estava nas mãos de tais sandices! Mas Bellarmino tinha razão, se olharmos o negativo desta foto: estamos tratando não apenas de 'uma', mas de 'duas' asneiras e fábulas colossais. Sim, cardeal, dizer que a Terra não está no centro do Universo – quando não está - é o mesmo que desbaratar a fábula da virgindade santificada. Mulheres têm filhos de carne e osso, independentemente de serem acometidas ou não por alucinações. E sempre o fazem através da concepção via ato sexual; já que, à época, não temos notícia de procedimentos para inseminação artificial.

Tais arroubos de autoridade atrasaram a humanidade em cerca de 2.000 anos, somente em relação a esta fronteira do conhecimento. Trata-se de um par de aberrações intelectivas grotescas, atentando simultaneamente contra a realidade física, química, bioquímica, filosófica e histórica - duas entre muitas falácias e sórdidas mentiras. Triste destino.

Mas deixando a Igreja pra lá, podemos observar aqui que todo este processo, com a defesa heroica e célebre - por meio de evidências - do Heliocentrismo -, nos levaria a outro marco filosófico: o movimento da própria Terra - o movimento de translação em torno do Sol, e descrevendo uma órbita elíptica como previsto por Kepler; que, juntamente com a inclinação do eixo imaginário da Terra, é responsável pelo transcurso das estações no período de um ano (365 dias, 5 horas e 48 minutos; como não existem dias 'quebrados', a diferença acumulada ao longo de 4 anos forma um dia, o dia 29 de fevereiro, que aparece no denominado Ano Bissexto; sendo assim os anos bissextos são múltiplos de 4, desde que não sejam também múltiplos de 100, exceto se forem múltiplos de 400, ex: 1600, 2000, 2004).

O sentido de Translação da Terra, ou rotação da Terra em torno do Sol, é anti-horário se observado do espaço sideral do Norte para o Sul. Se observado do Sul para o Norte este movimento seria horário. Para eliminar esta ambiguidade, podemos utilizar a convenção matemática do vetor velocidade angular. Este vetor aponta para o norte, paralelo ao eixo de rotação, que se encontra no centro de massa do sistema Terra-Sol. A rotação da Terra segue o movimento no mesmo sentido, anti-horário.

A velocidade de Translação da Terra, em torno do Sol é de aproximadamente 108.000 km/h (cento e oito MIL quilômetros por hora), variando durante o ano de acordo com a proximidade do Sol – afélio e periélio. O Sol, por sua vez, orbita a Galáxia a incríveis 251 km/s (duzentos e cinquenta e um quilômetros por SEGUNDO), ou seja, aproximadamente, 903.600 km/h (novecentos e três mil quilômetros por hora).

O Sol, como você já sabe até aqui, é a estrela central do Sistema Solar. Todos os outros corpos do Sistema Solar, como planetas, planetas anões, asteroides, cometas e poeira, bem como todos os satélites associados a estes corpos, giram ao seu redor e, órbitas *captivas*. O Sol abrange 99,86% da massa total do Sistema Solar, e possui uma massa 332.900 (trezentos e trinta e dois mil e novecentas) vezes maior que a da Terra, e um volume 1.300.000 (hum milhão e trezentas mil) vezes maior que o do nosso planeta. *Mas, no Gênesis, 'deus' teria criado primeiro a Terra. É mole ou quer mais?*

Tem muito mais. Visto que a Via Láctea move-se na direção da constelação Hidra, com uma velocidade de 550 km/s, ou seja, 1.980.000 (hum MILHÃO novecentos e oitenta mil quilômetros) a velocidade do Sol relativa à radiação cósmica de fundo é de 370 km/s, ou seja, 1.332.000 km/h (hum MILHÃO trezentos e trinta e dois mil quilômetros por hora) na direção da constelação Crater. Nosso destino cruel. Mas não chegaremos vivos a este encontro, nem eu e nem você.

Um F1 pode chegar a 360 km/h. Um jato normal chega a 900 km/h. Um caça atinge Mach2 (2.459,08 km/h ou 680,58 m/s), ou seja, o dobro da velocidade do som (Mach1 = 1.225,04 km/h ou 340,29 m/s). A rotação completa da Terra (360o) dura exatamente 23 horas 56 minutos 4 segundos e 9 centésimos. Isso equivale a uma velocidade de rotação impressionante, medida na linha do equador, de 1.674 km/h. É isso aí, a Terra gira mais rápido do que o som, mas é um pouco mais lenta do que um super jato. Mas os foguetes, que levam o homem à lua e ao espaço, precisam atingir a velocidade de 28.000 km/h para escapar da gravidade da Terra. Só que a Terra por sua vez, viaja em torno do Sol (translação) - para completar sua orbita anual de 365,2564 dias solares médios (ou um ano sideral) - à incrível velocidade de 107.280 km/h.

É isso aí, estamos rodopiando como um pião a quase 1.700 km/h, e ou mesmo girando desvairadamente em torno do Sol a uma velocidade de quase 108.000 km/h. A velocidade do Sol por sua vez, relativa à Radiação de Fundo do Universo é de 1.332.000 km/h, em direção à constelação Crater. Hum milhão, trezentos e trinta e dois quilômetros por hora, e nós seguimos rodopiando elipticamente em torno dele. Ou seja, estamos viajando por aí na mesmas velocidade relativa. E a Via Láctea por sua vez também não deixa por menos e viaja em direção à constelação Hydra à uma velocidade de 1.980.000 km/h. Quase dois milhões de quilômetros por hora. E também vamos junto com ela. Se a Via Lactea é a nossa cidade, então residimos moramos em um pequeno bairro na periferia: O Sistema Solar.

Mas se você acha que estamos indo muito rápido, sinto desapontá-lo, porque também não será por causa da velocidade que seremos enquadrados na Mecânica Quântica. Porque a Luz viaja a 300.000km/s, ou seja, 1.080.000.000 km/h – *"hum bilhão e oitenta milhões de quilômetros por hora"*.

Este gigante colossal, este mensageiro estelar, está sepultado na Basílica de Santa Cruz, em Florença. Afinal, nunca é demais falar em Galileu. Reza a lenda que, ao sair do tribunal, e após sua condenação por 'endereçar a verdade' sobre o movimento da Terra ao redor do Sol, e tendo sido sentenciado a calar-se, ou enfrentar a morte, ele teria dito de forma marota e provocativa:

"Eppur si muove! / Contudo, ela se move!"

A Igreja Luterana foi a primeira a condenar abertamente as ideias de Copérnico. A execração foi mantida até o século XX, quando o próprio Martin Luther declararia sarcasticamente que Copérnico havia pretendido.

"[...] virar de cabeça para baixo toda a arte da astronomia."

Citando os versículos bíblicos que considerou apropriado ao suporte de sua crítica, King arrematou:

"Então Josué falou ao Senhor, no dia em que o Senhor deu os amorreus nas mãos dos filhos de Israel, e disse na presença dos israelitas: Sol, detém-te em Gibeom, e tu, lua, no vale de Ajalom. E o sol se deteve, e a lua parou, até que o povo se vingou de seus inimigos. Isto não está escrito no livro de Jasher? O sol, pois, se deteve no meio do céu, e não se apressou a pôr-se, quase um dia inteiro." – Josué [10:12-13]

O versículo citado pelo pastor não denota um sistema propriamente geocêntrico, mas sim topocêntrico [sic]. Mas devo citar o seguinte versículo em Josué, onde diz:

"E não houve dia semelhante a este, nem antes nem depois dele [...]." - Josué [10:14]

Pois, este fenômeno nunca mais seria visto, e o cataclismo que certamente causaria, caso tivesse realmente acontecido, seria evidente por todo o planeta até hoje.

O império da fé Católica Romana, por sua vez, responderia com fogueiras e com o Index Librorum Prohibitorum. Mas as ideias de Copérnico, do sossegado cônego, tardariam muito a encontrar reação. *"De Revolutionibus Orbium."* demorou 73 anos para ser notado até ir parar a lista negra do pensamento. No mesmo dia de sua inclusão o Vaticano também condenaria por heresia Paolo Antonio Foscarini, pela ousadia de tentar conciliar as ideias de Copérnico com as "escrituras sagradas". Considerando as sanções relativamente suaves as 'Revoluções' de Copérnico não deflagraram nenhum tipo de revolução imediata, mas o tempo trataria de avivar este fogo. O livro seria queimado e destruído em umas bibliotecas, por crentes ensandecidos. Mas na maioria dos casos a obra foi apenas aprisionada ou guardada em uma estante – trancada a sete chaves. Ou coisa pior, sendo "corrigido" por copistas e eclesiásticos.

Galileu seria o epítome deste fogo avassalador - que o triste cônego nunca havia considerando em provocar. Mas ele seria muito mais do que isso. O 'Dedo de Galileu', como escreveria o eminente químico de Oxford, Peter Atkins:

> *"Resumindo, este livro celebra a eficácia do dedo simbólico de Galileu na indagação da verdade. O fato de apenas o dedo de Galileu persistir, enquanto os herdeiros de suas técnicas prosperam, é símbolo da transitoriedade da existência pessoal face à imortalidade do conhecimento. O dedo de Galileu representa, portanto, esse conceito nebuloso de 'método científico'. Galileu não estava isolado, obviamente, nem foi o primeiro a aplicar esta abordagem à descoberta do conhecimento, mas é suficientemente preeminente na história das ideias para ser razoável adotá-lo como símbolo da sua introdução."*

Este método ou atitude resume uma nova e poderosa forma de desenterrar a verdade acerca do universo que nos cerca; não importa a profundidade onde esteja escondida ou sufocada, não importa a espessura das paredes que a aprisionam. A Ciência pode então confrontar sua principal rival, nomeadamente a especulação vazia, o constructo, a autoridade ociosa e especiosa. A experimentação é trazida à centralidade, o ônus da prova já não será negligenciado, e as perguntas precisarão ser reformuladas. Sim, podemos converte o inexplicável em inexplicado, e esperando apenas para finalmente ser elucidado. Por nós, homens falíveis, obtusos, mas trabalhando em conluio para destronar e superar os deuses cruéis. Galileu está nas raízes desta tradição para a verdade, a coragem da verdade.

Ganhamos o mundo, e agora poderemos discorrer nossas observações, em liberdade, mas por meio de condições cuidadosa e eticamente controladas, dirimindo os componentes subjetivos de nossa tênue percepção. Inventamos a ciência e o método científico para testar a nossa lucidez. O respeito por esta disciplina e método, de cunho ético, nos pode servir, pelo poder, como uma espécie de tentação a estender o valor de nossas descobertas às nossas preferências políticas ou pessoais, mas isso incineraria o respeito que nos tentou em primeiro lugar.

"Toda vez que um selvagem segue o rastro da caça ele emprega uma exatidão de observação e uma acuidade de raciocínio indutivo e dedutivo que, aplicadas a outras questões, lhe assegurariam uma boa reputação como homem de ciência [...]. O trabalho intelectual de um 'bom caçador ou guerreiro' supera consideravelmente o de um inglês comum." – Thomas Huxley ('Collected Essays'; 1970)

Organizar o conhecimento e formatar a sua linguagem, democratiza este conhecimento, tirando-o dos gabinetes e permitindo o acesso público a essas observações. O escrutínio do seu conteúdo e qualidade de nossa pensabilidade também poderá ser avaliado por ávidos e críticos pares acadêmicos. Galileu também contribuiria em simplificar o método, retirando sofismas, e resumindo a apodítica; isolando os passos essenciais na abordagem de um problema.

"[...] a perscrutação nos seus pensamentos para lá das nuvens que escondem a simplicidade inerente aos sistemas reais, da mesma maneira como olhou pelo seu telescópio e observou a complexidade dos céus. Pôs de parte a carroça que rangia ao arrastar-se através da lama, considerando em seu lugar a simplicidade de uma esfera a rolar num plano inclinado, de um pêndulo a oscilar a partir de um suporte elevado. Esse isolamento do fenômeno principal das chiadeiras e da desordem da realidade constitui um ponto-chave do método científico. Os cientistas veem a pérola na ostra, a joia na coroa." – Peter Atkins

Alguns, muitos, na soleira do terceiro milênio, afirmarão ser esta a debilidade da ciência: a ausência de absolutos. Mas o bom entendimento de seus enunciados e propósitos nos permitirá denotar ser esta – verdadeiramente - sua maior fortaleza. Perscrutamos e apreciamos a poesia e também o bulício da realidade, desta carroça atolada, o êxtase dos amantes, o lamento de dor, uma cotovia que alça voo, a águia rasante que mata para viver, a orca que atira ao ar o corpo inerte de uma foca, o desabrochar de uma flor. Não examinamos uma borboleta por renunciar à singular e singela beleza de sua coloração, e o suave bater de suas frágeis asas; vamos mais além, fustigando a compreensão de nossos próprios sentimentos e percepções, um observador que observa a si mesmo. e considera esta maravilhosa interação de nossa bioquímica com o realidade que nos cerca, entendendo mais do que a poesia retumbante desta realidade, mas abrindo um caminho fidedigno para o seu enunciado e ensino, permitindo que geração após geração, vivamos mais e melhor; diminuindo em mais de 40 vzes a chance de que nossos bebês morram prematuramente, e permitindo que envelheçamos ao lado de nossos pais, avós, bisavós, triplicando a expectativa de vida – desde um grupamentos primitivos. Estudamos o comportamento de uma esfera em um plano inclinado com o objetivo de compreender aquela carroça na encosta da história; estudamos o pêndulo para conhecer o movimento de pernas e braços. do atleta.

Os detratores do conhecimento, opositores da verdade, detentores da autoridade, como aqueles que ergueram trincheiras contra Galileu, clamarão que.

"[...] entender a física da vibração não elucida o prazer da música e que decompor uma sinfonia num conjunto de notas destrói o nosso entendimento da sua composição. O cientista argumenta que primeiro temos de compreender o que é uma nota, perceber por que razão alguns acordes são agradáveis e outros dissonantes e só então — e talvez isso demore décadas — tentar desvendar o impacto psicológico e artístico de uma sequência de acordes." – Idem

Tornar-se ciente pela formulação de hipóteses fortes, confrontadas com a realidade pela prova, constitui antes atitude ética. Aprofundar o entendimento, sem nunca perder de vista a coerência, e sem se precipitar impacientemente na direção equivocada – ou destituída de evidências. Trata-se de um devaneio intelectual preguiçoso, alardear que alguém que partilhe desta atitude – científica – estará impossibilitado do regozijo de nossa imersão humana no cenário da vida. Bem como incapazes da experimentar genuinamente outras grandes questões, das quais se ocupam profissionalmente filósofos, artistas, profetas e teólogos.

"Entendo por grande ideia um conceito simples de grande alcance, uma ideia-bolota, que se ramifica numa aplicação que é um grande carvalho, uma ideia-aranha, capaz de tecer uma grande teia e de se mover num banquete de explicações e elucidações. Tive de ser seletivo e não tenho dúvida de que outros teriam escolhido outras super-aranhas, capturariam outras moscas sumarentas da ciência. Mas neste caso a escolha é minha. Concentrei-me em ideias em vez de em aplicações." - Idem

Paralelo ao conceito de Atkins, optei por evitar discussões sobre buracos negros, viagens no espaço, múltiplas dimensões, 'buracos de minhocas', teoria das cordas, etc. O imaginativo descendente intelectual de Galileu, o físico e matemático inglês Freeman Dyson, distingue ainda dois tipos de ciência: aquela impulsionada por conceitos e a outra ciência impulsionada por instrumentos. Francis Bacon, por sua vez, classificava as ideias como *fructiferas* – que dão frutos – e *luciferas* – que dão luz. Vejo o conhecimento como a indistinção entre medições e conceitos, e precisamos de LUZ para produzir FRUTOS.

5.   *Dust In The Wind*

Na verdade, vivemos em um Universo muito de inóspito ao homem. E hoje sabemos que somos muito mais insignificantes do que imaginávamos. Muito mais. E somos infinitamente menos do que *'Dust in the Wind'* - Kansas.

*E sabemos que, se tomarmos o Universo, aglomerados, galáxias, estrelas, planetas, e tudo o que existe nele, tudo o que percebemos nele, e descartarmos; o Universo continuará essencialmente o mesmo. Toda a matéria conhecida, e da qual somos um insignificante resíduo, constitui 1% de um pedacinho de poluição e dejetos na imensidão do Universo, constituído na realidade de 30% de matéria escura, e 70% de energia escura. Portanto somos completamente irrelevantes. realmente. Passageiros fugazes, **nada em nada**. Por que tal Universo, onde somos tão infinitamente irrelevantes, teria sido criado para a nossa obra e graça? Ou por que uma espécie de cenário seria criador por um deus sórdido, onde um sangrento joguinho maniqueísta, uma luta entre o bem o mal, pessimamente caracterizado e qualificado, é encenada com resultado previsível, e durante um período rizível de tempo, em face dos tempos universais medidos em bilhões e bilhões de anos?*

Poeira ao vento:

Dust In The Wind *[Poeira ao Vento]*
(Kansas)
I close my eyes [Eu fecho meus olhos]
Only for a moment [Apenas por um momento]
And the moment's gone [E o momento se foi]
All my dreams [Todos os meus sonhos]
Pass before my eyes, a curiosity [Passam diante de meus olhos, curiosiosamente]
Dust in the Wind [Poeira ao vento]
All they are is dust in the Wind [Tudo que eles são é poeira no vento]
Same old song [A mesma velha música]
Just a drop of water [Apenas uma gota de água]
In an endless sea [Em um mar infinito]

All we do [Tudo o que fazemos]
Crumbles to the ground [Desmorona sobre a terra]
Though we refuse to see [Embora nós nos recusamos a ver]
Dust in the Wind [Poeira no vento]
All we are is dust in the wind, ohh [Tudo o que somos é poeira no vento,]
Now, don't hang on [Agora, não fique esperando]
Nothing lasts forever [Nada dura para sempre]
But the earth and sky [Apenas o céu e a terra]
It slips away [Escapa]
And all your money [E todo o seu dinheiro]
Won't another minute buy [Não comprará outro minuto]
Dust in the Wind [Poeira ao vento]
All we are is dust in the wind [Tudo que somos é poeira ao vento]

Apesar da melancolia desta inesquecível e realística canção, o 'Kansas' foi 'otimista', afinal, nem o céu e a terra 'escaparão'. O escritor Kurt Vonnegut disse em um discurso de formatura:

"As coisa ficarão inimaginavelmente piores, e nunca, e jamais, ficaram melhores outra vez."

E isso aconteceu durante o primeiro governo do presidente brasileiro conhecido por "Lula" [sic]. *Será que esse cara tinha realmente poderes mediúnicos [sic]?*

Para justificar a nossa insignificância, bastaria apenas dizer que – segundo o Observatório Espacial Planck - o universo contém 4,9% de matéria ordinária [elementos pesados 0,03%, neutrinos 0,3%, estrelas 0,5%, Hidrogênio e Hélio livres 4,0%], 26,8% de matéria escura e 68,3% energia escura. Notem que 'elementos pesados' se referem à todos os elementos da tabela periódica, do Lítio$_3$ ao Urânio$_{92}$, e dos elementos inferidos, do Neptúnio$_{93}$ ao Unonóctico$_{118}$. Tudo está aí, nestes 0,03%, e brigando com gases, líquidos, rochas, etc. Não somos nada neste universo, mas somos muito, quando consideramos, a posteriori, o acidente evolutivo da mente humana, de nossa capacidade inata para reconhecer padrões, descrevê-los, e armazenar cumulativamente conhecimento. É neste sentido de que somos inegavelmente especiais, e somos a memória da história do próprio universo. Aos 370.000 anos de idades, o universo resumia outra constituição, sendo 63% de matéria escura, 15% de fótons, 12% de átomos, e 10% de neutrinos. A matéria escura dominou o universo de seu nascimento até 5 bilhões de anos atrás, quando a energia escura assumiu o controle promovendo uma expansão acelerada.

Gleiser insiste que, sob o tendencioso pretexto de que a Ciência não poderá ser exata ou completa, a "espiritualidade" ainda mais inexata, e na verdade "irreal", poderá ser invocada para preencher as lacunas.

Uma balança mede o nosso peso com precisão dada pela metade de sua menor graduação: se a escala é espaçada por 500 gramas, só poderemos aferir o nosso peso com precisão de 250 gramas. Não existe medida exata: toda medida deve ser expressa dentro da precisão do instrumento usado e o faz com 'barras de erros'. [...] uma medida de 70 quilos deve ser expressa como 70 +/- 0,25 kg [...]. Não existem medidas perfeitas, sem erro.

Em busca do exato, do absoluto, do "espiritual", esquecendo-se de que existem gradações de erro, e uma falibilidade assumida na atitude científica - sendo essa sua maior fortaleza. Saber de tudo, repito, é um agravante religioso e não científico. E esta atitude covarde, politicamente correta, alinhada, é o que mais prejudica o avanço científico.

Quem pensa ver algo sem falhas, pensa naquilo que nunca existiu, que não existe, e que nunca existirá. - Alexander Pope

O vigoroso e genial físico Richard Feynman dá o seu depoimento:

Um princípio de pensamento científico corresponde a uma espécie de honestidade incondicional [...].

É esta honestidade incondicional ou Ética que reside no Ceticismo Científico, confrontando a vacuidade das crenças e os 'discursos persuasivos' em favor de mentiras, interesses e sandices. Isso porque as crenças se baseiam apenas na caprichosa, débil ou vã vontade de acreditar. Não se pode, de forma alguma, comparar a nobre atitude de tornar-se ciente pelo confronto de hipóteses séria e consequente com a realidade, com a autoridade especiosa de velhas ou novas convicções.

Não se pode usar como desculpa a falibilidade assumida da ciência para validar crenças. Uma verdade científica tem uma validez e universo de aplicação, assim como seu erro assumidamente demarcado, e que estará sob crivo constante, acirrada revisão, e variada fiscalização, sendo esta a maior fortaleza da Ciência, e não o contrário.

Sobre a pretensa critica ao erro científico, devo reagir lembrando que dogmas religiosos não podem ser revistos, e por isso mesmo, sua defesa se faz com cinismo, agressividade, violência, e no passado 'médio', por meio dos artefatos do terror 'inquisitório'. Sobre a 'relatividade do erro', Asimov nos ensina que:

"Quando as pessoas pensavam que a Terra era plana, estavam erradas. Quando as pessoas pensavam que a Terra era – 'exatamente' [grifo meu] esférica, estavam erradas. Mas, se você considera que 'pensar que a Terra é esférica é tão errado quanto pensar que a Terra é plana', então a sua visão está mais errada do que as duas juntas." - Isaac Asimov ('A Relatividade do Erro'; 1989)

E insisto que NENHUM DEBATE FILOSÓFICO – e sob nenhum pretexto - ESTARÁ ISENTO DA NECESSIDADE DE ENTENDER A 'REALIDADE' E OS SUBSEQUENTES PARÂMETROS QUE REGEM A NOSSA TÊNUE 'LUCIDEZ'.

Sim, mas e daí? Uma balança caseira de precisão de uma ou duas casas decimais exatamente por que está sob um crivo mais 'frouxo' em termos científicos. Quanto mais ciência mais exato: medimos a temperatura média do Universo com precisão de 5 casas decimais. Não há como ser 'exato', 'absoluto', mas e daí? Indicar a margem de erro é uma lição ética da Ciência e não o contrário. Deus e a religião, não indicam suas margens de erros, e justificam isso alegando que o absoluto a deus pertence, ou é "incognoscível". E não precisamos da perfeição, já que a natureza e o universo emergem da imperfeição, da diferença. O argumento de Gleiser é platônico.

Asimov concorda com isso, e tem algo mais a dizer sobre *a Ciência e a escuridão*:

> "Existe apenas a Luz da Ciência, e acendê-la em qualquer lugar é como acendê-la em todos os lugares."

Um anúncio afixado diante de uma igreja batista americana, da seita 'New Canaan' [ou 'Nova Canaã'], alertava:

> "Um livre pensador é um escravo de Satan."

Sei que Gleiser alegará que esta congregação é doentia, ou que ele não fala "desse tipo de espiritualidade", mas crimes contra a liberdade de pensamento, sempre estão associados à religião.

> "Com ou sem religião, pessoas boas podem se comportar bem e as pessoas ruins podem fazer o mal; mas para que pessoas boas façam o mal, elas precisam de religião." - Steven Weinberg (discurso em Washington em 1999)

Sobre os "limites do conhecimento", Asimov desafia:

> "Se o conhecimento pode nos trazer problemas, não será através da ignorância que iremos resolvê-los."

Gleiser insiste na escuridão 'científica' justificada por sua inexatidão e reducionismo, mas tolera sem pesos ou medidas uma tal "espiritualidade". Convido a advertência de Sagan no adágio de abertura de seu inesquecível *'O Mundo Assombrado por Demônios'*:

> "É melhor acender uma vela do que praguejar contra a escuridão."

Por que escrever uma obra para ressaltar os limites da Ciência, se as fronteiras continuam "dentro da ilha"? E como Gleiser citou a Lucretius, inestimável livre pensador, e o verdadeiro algoz dos deuses, que seria seguido pro Jean Meslier, para que Nietzsche levasse a fama. Eu também gostaria de citar Lucretius, e este aforismo me parece mais do que apropriado:

"Assim como as crianças tremem e têm medo de tudo na escuridão cega, também nós, à claridade da luz, às vezes tememos o que não deveria inspirar mais temor do que as coisas que aterrorizam as crianças no escuro." - Titus Lucretius Carus ('De Rerum Natura' ou 'Sobre a Natureza das Coisas'; 60 AEC)

Gleiser afirma que o conhecimento dos fenômenos naturais não é tudo. Mas, se a sua "ilha" é a "ilha do conhecimento", e *ciência* é a terminação latina para *conhecimento*, de que outros 'métodos' Gleiser estaria falando? Por que não é capaz de nominar?

"Embora as ciências físicas e sociais sejam capazes de iluminar muitos aspectos do conhecimento, não tem a missão de responder a todas as perguntas. Nada diminuiria mais o espírito humano do que restringir nossa criatividade a uma só ESQUINA do conhecimento."

O impulso de tornar-se ciente é disposição e uma atitude neuropsicológica inata, mas que pode ser estimulada ou bloqueada; este livro foi um desserviço ao empenho humano:

Certa feita, Asimov recebeu uma carta de um licenciado em literatura inglesa, e não iniciado na busca pelo conhecimento, que muito vem ao caso neste momento; motivo pelo qual devo citá-lo:

"Um jovem especialista em literatura inglesa, tendo me citado, passou a me repreender severamente sobre o fato de que, através dos séculos, as pessoas pensavam ter compreendido finalmente o universo, e através dos séculos ficou provado que estavam errados. Isso significava que a única coisa que podemos dizer sobre o nosso conhecimento 'moderno' é que ele está errado."

Gleiser não diz exatamente isso, mas se acerca bastante desta mensagem. Asimov brilharia em sua resposta:

"Quando as pessoas pensavam que a Terra era plana, estavam erradas. Quando as pessoas pensavam que a Terra era – 'exatamente' [grifo meu] - esférica, estavam erradas. Mas, se você considera que 'pensar que a Terra é esférica é tão errado quanto pensar que a Terra é plana', então a sua visão está mais errada do que as duas juntas." ('A Relatividade do Erro'; 1989)

Asimov explicaria ainda que as pessoas buscam por certezas absolutas, ou negações absolutas. As pessoas estão platonicamente aprisionadas em uma falsa noção de perfeição; de forma que, se alguma coisa não é exatamente' ou absolutamente perfeita, então ela estará totalmente errada. Isso não nos leva a nada. Existem gradações de erros, sentenças verdadeiras e falsas; e a ostentação de verdades absolutas, somente serve ao propósito de turvar a nossa visão diante da 'realidade objetiva' – à qual Gleiser chama pejorativamente de *'objetvismo'* -, impedindo que possamos diminuir a confusão reinante, optando por posições mais acertadas do que outras.

'Objetivismo' é particularmente abjeto, irresponsável e injustificável. Podemos 'endereçar a verdade', e este é o propósito da investigação científica; muito embora não seja a sua fonte de inspiração. Somos inspirados pela beleza da vida, por nossas paixões, amores, pela devoção a estes amores e princípios. E aqui discordo de outro conceito da "ilha" de Gleiser, que a motivação ciência seja a ignorância. Pretendemos escrever a poesia da realidade, e por amor.

Sob o pretexto de uma verdade absoluta, Gleiser questiona que existam verdades, assim como o professor de literatura. Aliás, Galileu, um célebre "cavaleiro do apocalipse", tendo escolhido ridicularizar crendices infundadas, salvaguardava o vigor de sua lucidez, e a postos, quando disse que:

> *"Io stimo più il trovar un vero, benché di cosa leggiera, che `l disputar lungamente delle massime questioni senza conseguir verità nissuna.* / Mais estimo encontrar uma verdade sobre qualquer assunto leve do que entrar em uma disputa longa sobre máximas questões se, atingir verdade nenhuma."

Mas Galileu também esteve equivocado, como no notório caso dos anéis de Saturno; afinal, com seu parco instrumento de trabalho, os discos lhe pareceram como dois astros mais ladeando o planeta. Mas os acertos de Galileu e seu exemplo e vida, valem muito mais do que seus evidentes equívocos – e Gleiser sabe disso.

Enquanto especulamos sobre a planura da Terra estivemos equivocados, mas tratávamos de endereçar a verdade; afinal, a curvatura da superfície terrestre está próxima de zero. Este 'erro' refletia as limitações instrumentais para a época, mas, sobretudo as limitações em termos de critérios para o conhecimento.

Ainda não havia uma concisa teoria para o conhecimento, nem estatutos, nem recomendações formais, ou uma metodologia para o conhecimento que estabelecesse um universo de validez, indicando a margem de erro esperada no confronto com a 'realidade'. As 'verdades' eram publicadas com ansiedade e alarde, e, portanto, sem critérios; tudo estava por saber.

Mas os tempos mudaram; e mudaram com o filósofo grego Eratóstenes (276-195 AEC), um *"gênio do tamanho da Terra"*, que seria o primeiro a notar que a longitude das sombras, em relação ao mesmo horário do dia, variava com a latitude onde a medição era procedida. Eratóstenes sabia que no vigésimo primeiro dia do mês de Junho aconteceria o *Solstício de Verão* na cidade de Siena, e que, precisamente ao meio dia, o Sol brilharia direto dentro de um poço, iluminando *"o seu fundo sem que nenhuma sombra se projetasse em suas paredes"*; isso enquanto em Alexandria, exatamente na mesma hora, ainda haveriam sombras projetadas sobre a parede.

Eratóstenes inferiu então que a Terra era esférica, uma revolução para o seu tempo. Com ajuda da trigonometria, considerando a distância entre Siena e Alexandria, o ângulo formado por este arco em relação ao "centro da Terra", ele calculou a curvatura correta da Terra. Isso foi medido em "passos" e "estádios", e envolveu "sombras"; tudo muito impreciso, embora engenhoso, perspicaz, apaixonante e científico.

Endereçávamos a verdade com ainda mais acuracidade, ao que hoje podemos adicionar algumas casas decimais, calculando a curvatura da Terra em 0,0000786 por quilômetro. Isso seria crucial para que pudéssemos revisar toda a cartografia da época, e os mapas, palmo-a-palmo, passariam a ser muito mais precisos; a navegação seria revolucionada, e o mundo seria 'redescoberto'. Tudo isso graças ao gênio e à ousadia de Eratóstenes, apesar do 'erro' irremediavelmente incorporado pelas limitações de seu tempo.

Agora a Terra era uma "esfera" perfeita, o que também estaria equivocado. Observando os céus e os demais planetas, o gênio investigativo de Newton demonstraria que a massa terrestre em rotação sofreria um acentuado achatamento nos polos. Medidas mais precisas nos permitiriam calcular o grau de *elipsidade* da Terra. A Terra esferoide seria muito mais próxima de seu passado esférico do que de seu passado plano; evoluímos em termos de gradação de erro. Uma esfera prefeita nos daria uma curvatura em torno de 12,5 cm/km, enquanto a curvatura elíptica varia de fato entre 12,657 e 12,472 cm/km.

Este raciocínio conduzido por Asimov, *stricto sensu*, nos permite dizer que julgar a Terra esférica é muito mais correto do que considerá-la plana; e tal noção tem enorme impacto sobre nossas vidas. Também podemos dizer que julgar a Terra plana é muito mais incorreto do que julgá-la esférica, com os mesmos e severos impactos sobre o nosso convívio com a 'realidade objetiva'. E ensinar tais princípios, valorizar o 'endereçamento' obstinado da verdade, é muito mais produtivo do que destacar a imprecisão deitada sobre o caminho.

Mesmo o nosso esferoide 'perfeito' seria revisado em 1958, quando o satélite *Vanguard I* entrou na orbitar a Terra. Uma literal *vanguarda científica* seria capaz de medir a forma da Terra com uma precisão sem precedentes. Descobrimos que nos parecíamos com alguma coisa entre uma 'pera' e uma 'batata' – flutuando e rodopiando no espaço. Correções da ordem de milionésimos de centímetros por quilômetro foram procedidas, e aqui estamos – graças ao gênio de Eratóstenes.

Vivemos um conflito neuropsicológico de ordem evolutiva, causais, dicotômicos, lineares. Perdidos em uma gangorra de absolutos, tudo ou nada, certo e errado, bom ou mal. A realidade se descortina livre, desimpedida, e precisamos estabelecer parâmetros e bases de compreensão, para conformar avanços 'objetivos'. O absolutismo, o generalismo, e seu homólogo, o relativismo, tem se prestado ao inconsequente e especioso propósito de justificar medidas autoritárias e dogmáticas, alegando a impossibilidade de exatidão. Pois não seria muito melhor, sempre, acender mais um pequeno lampejo de luz do que tropeçar na escuridão?

Hoje sabemos que a *'mecânica genética'* de nosso corpo evoluiu para mitigar os erros e mutações em nosso código genético. É isso mesmo, o código genético tem um mecanismo *autocorretivo*; e desta forma estamos menos sujeitos a mutações drásticas do que estivemos no passado. E podemos dizer que a Ciência conta hoje com o mesmo sofisticado mecanismo: o Método Científico. De forma que a falibilidade assumida da Ciência, de hoje em diante, está muito menos sujeita a erros crassos do que esteve no passado das crenças.

> "[...] talvez a Terra seja esférica agora, mas um cubo no próximo século, e um icosaedro oco no próximo, e com a forma de donuts no seguinte. O que ocorre, na realidade, é que quando os cientistas consegue elaborar um bom conceito, eles gradualmente o refinam e ampliam, com crescente sutileza, à medida que seus instrumentos de medição melhoram. As teorias não estão tão equivocadas, mas incompletas." – Isaac Asimov (idem)

Não é tão importante definir se este valoroso processo se estenderá infinitamente ou não, absolutamente ou não; mas, sobretudo, devemos considerar o bem que este honesto procedimento provê, na medida em que, inescapavelmente, ilumina o que antes era escuridão.

Muitas vezes, teorias que alcançam o status de revolução científica, não passam de um conjunto apropriado manipulações e refinamentos de um corpus de conhecimento pregresso. Como quando Copérnico nos levou de um sistema centrado na Terra a um sistema centrado no Sol. Copérnico estava desafiando o que parecia ser óbvio, com algo que soa ridículo. Aristarco e Eratóstenes viveram a experiência.

Normalmente, e há algum tempo, vivemos de refinamentos; caso contrário, e considerando a autorregularão e autocorreção científica em voga, uma teoria estapafúrdia teria vida muito curta. Exemplos pífios como a "fusão a frio" não passaram de *pseudociência*. O que deveria nos alertar ainda mais sobre a necessidade de aprimorar nossos critérios, e não desconsiderá-los – como Gleiser e o "professor" sugerem.

Mas, ainda assim, e por mais que a proposição 'parecesse' revolucionária; toda esta 'revolução' não passava de um problema *político-religioso* – da alçada do "absoluto" e do "absolutismo". Cientificamente, se tratava de um refinamento teórico em relação aos movimentos dos já conhecidos corpos celestes. Seria a autoridade religiosa Católica, expressa em seu livro negro ou Index, quem elevaria o trabalho de Copérnico à condição de heresia, sete décadas depois de sua publicação em 1616, e lá permanecendo até 1822. Mas aí já era tarde, o estrago já estava feito.

Copérnico pretendia apenas encontrar um modelo que melhor acomodasse a realidade de suas observações celestiais. Neste caso, e em especial, apesar de toda a *gambiarra* incorporada ao modelo aristotélico-ptolomaico, a sobrevivência do antigo, "salvando a teoria" platonicamente, só possível, e por tanto tempo, devido à força da autoridade político-religiosa vigente.

A Teoria da Evolução enfrentou os mesmos credos, e as mesmas barricadas:

> *"[...] as formações geológicas terrestres mudam muito lentamente, assim como os seres vivos evoluem tão lentamente, que parecia razoável no início supor que não haviam mudanças, e que a Terra e a Vida sempre existiram como são até hoje. Sendo assim, não faria diferença se a Terra e a Vida tivessem bilhões de anos de antiguidade, ou somente milhares. Milhares era mais fácil de compreender."*

A exemplo do entendimento sobre a curvatura terrestre, quando medições mais precisas revelaram que a Vida evoluía em um ritmo muito lento, porém vigoroso, pudemos aprofundar também a compreensão sobre a *idade da Vida*. Nascia a Geologia Moderna, a Evolução e a Biologia.

> *"É apenas porque a diferença entre taxa de variação em um universo estático e a taxa de variação em um universo em evolução está entre zero e muito próximo de zero que os criacionistas podem continuar a propagar seus disparates."* – Isaac Asimov

O raciocínio também se aplica ao mundo dos micro-organismos. Um mundo de escalas invisível estava escondido de nós; e toda sorte de crendice foi erigida para preencher as lacunas diminutas hoje ocupada pela microbiologia. Cotidianamente dizíamos – e muitos ainda dizem: *"menino, não tome esta friagem porque você vai ficar gripado"*. Recentemente ouvi tal disparate de uma amiga microbiologista, para quem o filho descalço resultaria resfriado. Tratei de recordá-la de dois aspectos: primeiro, como microbiologista, ela estava obrigada a bem conhecer a origem viral de gripes e resfriados; depois, como bióloga, seria imperdoável que ela não recordasse que a seleção natural jamais teria poupado nórdicos, russos, além dos *inuits*, se tal conjectura fosse minimamente possível.

Os 'sábios' conselhos da 'medicina popular' estão todos *sub judice* depois que a ciência adentrou o mundo secreto dos microrganismos, e ajustando a sua escala para uma compreensão profunda e necessária da natureza. A realidade em uma *placa de petri*.

A invenção do microscópio é um assunto controverso, mas diferentes versões nos conduzem no tempo a 1590, e à porta da fábrica de óculos do holandês Hans Janssen e seu filho Zacharias. Nos Países Baixos encontramos a Antonie van Leeuwenhoek (1632 - 1723) que teria aprimorado seus próprios microscópios para observar, pela primeira vez, material biológico, embriões de plantas, sangue e esperma. A ele também é creditada também a descoberta do mundo secreto dos microrganismos. O cientista inglês Robert Hooke, desafeto de Newton, e que conhecermos mais adiante, também turbinaria seu microscópio para, em 1665, teorizar que todos os seres vivos seriam formados por células. O físico holandês Frits Zernike (1888-1966) seria agraciado com o Prêmio Nobel em 1953 pela demonstração do método de contraste de fase e, em especial, pela invenção do microscópio de contraste de fase. O físico alemão Ernst Ruska (1906-1988) receberia o Nobel de Física em 1986 pela invenção do microscópio eletrônico de transmissão.

Caberia ao biólogo italiano Francesco Redi (1626-1697) em seu experimento realizado em 1668, desbancar a crença na abiogênese – ou criação da vida a partir de matéria não viva – ou geração espontânea. Redi explicou o fenômeno do aparecimento de larvas de mosca a partir de carne em putrefação com um experimento simples, utilizando frascos contendo carne em estado de putrefação, e selando a metade deles. O resultado você já conhece: *nos tornamos cientes, mais uma vez, de como a realidade objetiva opera*.

Mas a tradições e crenças não mudam com facilidade, mesmo diante de provas cabais. Os *abiogênicos* aristotélicos, como John Needham, continuaram a seguir o mestre em seu constructo filosófico autoritário de um *"principio ativo"* 'qualquer' *"capaz de gerar a vida a partir da matéria bruta"*. Assim alegaram que o frasco selado *"não continha a matéria bruta"* principal: o ar. O médico belga J.B. Van Helmont tinha a sua própria *"receita"* para a *"geração espontânea"* de camundongos em *apenas* 21 dias; bastava uma camisa suja em um canto qualquer e sementes de trigo para que em 21 dias fosse constatada a geração espontânea de roedores. Não costumava funcionar, mas assim como as orações e rezas, algum recurso retórico falacioso era invocado para, platonicamente, "salvar o fenômeno". Assim foi, e assim é.

O sabe-tudo escocês, especialista em "controvérsias" - ou dialética retórica especiosa -, sentenciaria:

"Então pode ele [Sir Thomas Browne] duvidar se do queijo ou da madeira se originam vermes; ou se besouros e vespas das fezes das vacas; ou se borboletas, lagostas, gafanhotos, ostras,

lesmas, enguias, e etc., são procriadas da matéria putrefeita, que está apta a receber a forma de criatura para a qual ela é por poder formativo transformada. Questionar isso é questionar a razão, senso e experiência. Se ele duvida que vá ao Egito, e lá ele irá encontrar campos cheios de camundongos, prole da lama do Nilo, para a grande calamidade dos habitantes."

Inventamos a Ciência para testar a lucidez de *"nossa razão, senso e experiência"*. Estes segredos *contra-intuitivos* fustigam a tênue lucidez humana. Precisamos da Ciência ou *scientia*, a terminação latina para 'conhecimento', para testar o vão solipsismo, para testar a nossa compreensão aparente dos fenômenos. Não defendam "algo além da razão" (Gleiser; 2014), porque seria o mesmo que clamar por algo diferente da lucidez. Este é o nosso bem mais precioso.

Até o final do século XVIII muitos cientistas ainda nutriam crendices escolásticas sobre o universo biológico. O químico Antoine Laurent de Lavoisier (1743-1794) não estava entre eles:

"Na Natureza nada se cria, nada se perde, tudo se transforma."

O padre naturalista e fisiologista italiano Lazzaro Spallanzani (1729-1799) demostraria que os microrganismos estão no ar, contaminam a água, e podem ser eliminados pela fervura. Mas os aristotélicos do "caldo nutritivo" e do "princípio ativo" ergueriam suas trincheiras. A controvérsia durou até o advento de Louis Pasteur.

O cientista francês Louis Pasteur (1822-1895) tem um currículo prolífico e devidamente registrado pela história da química e da medicina. Seus notáveis feitos incluem a redução da mortalidade infantil, por diversos meios, além da criação da primeira vacina antirrábica. Pasteur seria notabilizado pelo processo físico-químico que leva o seu nome, um método para impedir que o leite e o vinho causassem doenças: a pasteurização. Por estas e outras, Pasteur está bem postado no panteão da microbiologia, ao lado do botânico alemão Ferdinand Cohn (1828-1898), e do médico, patologista, e bacteriologista alemão Heinrich Hermann Robert Koch (1843-1910).

Pasteur também faria das suas na Química, em particular entendo a base molecular para a assimetria em estruturas cristalinas. Seu corpo está enterrado no Instituto Pasteur em Paris, em um mausoléu decorado por mosaicos em estilo bizantino que lembram suas realizações.

Em 1861 ele pulverizaria qualquer resquício de crenças relacionada à "geração espontânea", e isso teria enorme impacto sobre os avanços em microbiologia.

"Omne vivum ex vivo / toda a vida da vida"

Deuses e tradições evaporavam no ar, enquanto a Ciência aprimorava seus métodos e instrumentos e reduzia suas escalas. O caminho para a descoberta dos antibióticos - como a Penicilina -, vacinas, agentes. e vida, a partir da vida obstinada de homens como Pasteur.

O 'gap' entre o conhecimento disponível no acervo científico humano e a nossa práxis cotidiana é gigantesco. Com a desculpa de que 'não sabemos tudo' permanecemos 'sem saber nada' sobre quase tudo. Apenas tangenciamos a realidade, mas não somos capazes de mergulhar nesta maravilhosa REALIDADE. Este livro tem como missão colateral, interessa-lo pela realidade, despertando a curiosidade em conhecê-la 'por dentro'.

O conhecimento científico disponível está muito mais perto de um eventual 'conhecimento último' - em cada uma das fronteiras do conhecimento –, do que o homem médio está da linha de largada para o conhecimento do ensino fundamental. A maioria de nós sequer começou a jornada do conhecimento, e sequer chegou na marca onde diz ZERO.

O físico Marcelo Gleiser diz que o conhecimento é como uma "ilha" em meio ao desconhecido; e que quanto mais esta "ilha" cresce maior serão as suas fronteiras. É verdade. Mas quanto mais esta ilha do que é conhecido cresce, por mais que hajam novas fronteiras, menor será o espaço daquilo que não conhecemos.

Podemos chutar uma perda com facilidade, mas pensaremos duas vezes antes de pisar em uma formiga ou esmagar um mosquito, e jamais consideraremos a hipótese de maltratar um cãozinho. Estas são conquistar recentes, afinal aprendemos sobre a complexidade dos sistemas neurais, e sabemos que muitos seres vivos sentem dor e sofrem.

Por isso avançamos sobre o oceano de ignorância que nos cercava, arbitrado pela *crença* de que o homem era uma espécie de "escolhido", sendo o único sujeito à dor. Ainda assim, alguns homens eram *mais escolhidos* do que outros, e a escravidão, na Bíblia e em Aristóteles, é amplamente aceita e recomendada. Matar um infiel, na bíblia e no corão, é antes um dever. Pelo humanismo, pela iluminação científica, sabemos que isso não é correto. Tais fronteiras não aumentaram a nossa ignorância, mas certamente abriram novas fronteiras dentro da *"ilha"*.

> *"O conhecimento avança, e a região inexplorada recua [...] com nosso conhecimento expandido." – Linda Randall*

Um dia, este espaço tomado pelo desconhecido, representou a diferença entre morrer na selva, de dor de dente, aos 23 anos; ou ministrar uma dose de 500mg de *Cloridato de Tetraciclina*, e voltar a sorrir por mais 40, 50, 60 anos. O importante não é chegar ao fim, mas seguir em frente, viver a viagem, viver uma vida digna, útil, e prazenteira, contribuindo como Humanidade, para que enderecemos a verdade.

Então. voltando à "friagem", nossos antepassados notaram uma relação causal entre o frio e a coriza imediata, um fenômeno explicado pela reação alérgica ao frio e não pelo resfriado que de fato é viral. A crença de que "golpes de ar" e "tomar gelado" produzem resfriado vem daí. E da Evolução de nosso cérebro para que denotássemos fenômenos causais simples, de primeira ordem: uma causa, um efeito. A falácia intelectiva 'Post hoc, ergo propter hoc', ou 'depois disso então por causa disso'. E crescemos obedientes.

Drauzio Varella abrilhanta a discussão:

> "A partir dos anos 1950, foram realizadas diversas pesquisas para avaliar a influência da temperatura na incidência de gripes, resfriados e outras infecções das vias respiratórias. [...] Ao contrário, diversos pesquisadores encontraram maior frequência de gripes e resfriados entre os que eram mantidos em ambientes fechados."

300 anos depois da descoberta dos microrganismos continuamos a atribuir nossas afecções de ordem respiratória a crendices como "friagem" e "pés descalços"; sem sequer considerar que nascemos nus, e foram necessários centenas de milhares de anos para que os nossos pés conhecessem qualquer espécie de calçado. As comunidades mais primitivas do planeta ainda vivem nus e descalços, mas as tradições são fortes, resistentes, teimosas e resilientes.

A presença do agente etiológico, no caso vírus, é essencial, senão nada de gripe ou resfriado. Mas quando o frio aperta, costumamos optar pelo confinamento, e neste cenário seremos infectados mais facilmente. Existe uma causalidade, neste caso, invertida: se está frio nos fechamos em ambientes compartilhados, e daí mais gripes ou resfriados, e não o contrário.

Na cultura brasileira qualquer espirro é sinônimo de gripe ou resfriado, mas normalmente o problema é alérgico. Abrimos a geladeira e espirramos pelo contato com o ar frio, e isso é suficiente para um diagnóstico caseiro de gripe ou resfriado. O problema da banalização no caso da gripe é que ela pode até matar, no caso de crianças e idosos.

O resfriado apresenta os mesmos sintomas da rinite alérgica, mas acompanhado de uma faringite branda, e uma febrícula entre 37º e 38º, com um pequeno mal-estar, por três ou quatro dias. Os responsáveis pelo mero inconveniente são duas centenas de rinovírus e coronavírus, e com os quais passaremos a apresentar resistência.

A gripe é bem diferente, provocando febre entre 38,5º e 40º; neste quadro cama e água. A gripe pode causar complicações graves e, eventualmente, a morte, pois afeta toda a árvore respiratória - traqueia, brônquios e pulmões. Os responsáveis por este severo quadro são vírus da família influenza, e com os quais convivemos há milênios. O nome *influenza* vem de muito longe no tempo, e nos remete aos povos que habitavam a península itálica, acometidos do mesmo equívoco perceptivo; percebendo uma relação entre epidemias de gripe e o frio, a gripe era considerada uma *influenza di freddo/influência do frio*. Nos países de língua inglesa a influenza foi reduzida apenas a *flu*.

Nada de injeções ou vitamina 'C'. Linus Carl Pauling receberia dois merecidos prêmios Nobel, o de Química em 1954, e o da Paz em 1962; mas sua defesa da vitamina 'C' no combate à gripe é pífia. A última revisão científica sobre este assunto foi publicada há poucos anos na prestigiosa *'New England Journal of Medicine'*, uma publicação médica de responsabilidade da Universidade de Harvard; nenhum suporte científico foi encontrado para a indicação de qualquer dosagem de vitamina 'C' para gripes ou resfriados. Sendo este um serviço de utilidade pública, médica e econômica.

Quando dirigimos incrementamos as escalas de observação, o mundo microscópico revelou muitos de seus segredos, e mais uma parte da realidade estava a descoberto. E a dois parágrafos de encerrar, Gleiser mais uma vez sentencia:

> [...] qualquer explicação científica é necessariamente limitada.

Isso, enquanto nos preocupamos com métodos dedutivos, e o confronto de nossas hipóteses com a realidade, gradações de erro e universo de validez para tais proposições. Aferições, duplo-cego, triplo-cego, padrões referencias, testes ao redor do mundo, diferentes equipes, etc.

> Ampliamos e enriquecemos nossa compreensão à medida que sondamos escalas cada vez mais remotas. – Linda Randall (idem)

Mas Gleiser insiste que "existem muitos modos de saber", consultando os "Vedantas", a "Bíblia", Paulo Freire, ou sei lá o que - já que não foi elucidado. Uma linguagem, diga-se de passagem, pouco científica, mesmo me se tratando de uma crônica. Aceitável como um livro de auto-ajuda, e neste caso a minha derradeira advertência seria: AUTO-AJUDE-SE evitando este tipo de literatura – Gleiser tem trabalhos melhores. E não tenho espaço em minhas prateleiras para livros de auto-ajuda. O que devo fazer com este livro?

\#

As dimensões de nosso mundo terreno, nosso corpo, os objetos que criamos e manuseamos, o reino animal, vegetal, e as escalas geológicas de nosso planeta, são mais ou menos intermediárias em relação às dimensões do

Universo; seja viajando em busca do que seria 'mais grande' – e que me perdoem os gramáticos -, ou mergulhando no que seria 'mais pequeno'. Isso ocorre, basicamente, por razões aleatórias; mas se as dimensões de nosso corpo e de nosso mundo fossem muito pendentes a um limite ou a outro, seria particularmente complicado explorar o limite oposto. A questão não é 'por que estamos na zona intermediária?', mas sim: 'porque estamos na zona intermediária podemos saber onde está o intermediário'.

Com o nosso aparato sensorial e cognitivo investigamos o entorno dimensional, mas precisaremos de outros 'olhos', 'ouvidos', e elementos sensores, quando avançamos em outras escalas, e, sobretudo, no 'universo' do 'mais pequeno'. Precisaremos também de novas hipóteses imaginativas e dedutivas, a medida que raciocinamos sobre estruturas colossais ou diminutas, que não podemos compartilhar apenas por meio de nossa percepção direta. Formulamos teorias científicas com este fim. E assim, exploradores do Universo, podemos mergulhar nos *quarks* e abraçar o *cosmos*.

Quando nos acercamos da compreensão de um fenômeno ajustamos a escala para sua observação, seja ela macroscópica ou microscópica; e também consideramos os erros associados à estas medições – conforme aprendemos com Asimov. Assim, nos concentramos naquilo que buscamos, e focamos em um alvo. A peculiar crítica de 'reducionismo' científico sempre parte daqueles que ignoram tais propósitos e conceitos. Não existe reducionismo possível, afinal uma hipótese quando é testada, sempre requer que ajustemos a escala; e dentro desta escala, da escala do fenômeno a ser observado, não haverá redução alguma, e o alvo estará posicionado bem no centro de nosso mira.

Por exemplo, no caso dos fenômenos neuropsicológicos, experimentos em grande escala, em escala comportamental, foram procedidos. Depois, fizemos análises neurofuncionais, e o foco passou a ser regiões e circuitos neurais. Finalmente descemos ao nível de compreensão do neurônio, e neste passo envolvemos a Biologia Molecular. A compreensão do fenômeno das sinapses e do papel dos neurotransmissores e neuroreceptores no comportamento é tão importante quanto o conhecimento do bóson de Higgs no entendimento do campo associado a ele, e que por sua vez – como veremos – confere massa às partículas no Universo, e está na base da compreensão de toda a estrutura material do Universo. Mas não precisamos do bóson para explicar o comportamento. O nível de compreensão requerido no caso do comportamento cessa nas moléculas associadas a ele. Isso, até que provemos o contrário.

Essa 'inteligência seletiva', que dispensa o bóson de Higgs da compreensão do comportamento, enquanto mantém a atenção nas moléculas constituintes da bioquímica neural, assemelha-se, como bem notou a física teórica Linda Randall, a uma busca no Google. Suponha que objetivo é calcular um frete marítimo entre São Paulo e Copenhagen; então, em um primeiro momento não estaremos interessados no mapa detalhado de São Paulo, muito menos em detalhes sobre um bairro específico, uma rua, ou um *zoom* em um determinado endereço; a escala será a maior possível, já que buscamos apenas formar uma ideia do custo. Mas, se necessitamos obter o número de uma determinada casa, da qual só recordamos a fachada, então a escala será a menor possível. Por outro lado, se necessitamos calcular um frete em detalhes, precisaremos somar o custo do transporte marítimo, obtido em grande escala, com o custo do transporte rodoviário, intermunicipal local, origem e destino, além do custo no transporte interno até o destino; e eventualmente chegando até a confirmação do número da casa.

Tudo depende de nosso foco, de nossa 'pergunta', ou o que pretendemos descobrir. Isso nos dirá o quanto mergulhar ou não em detalhes, ou o quanto nos afastarmos ou não dos detalhes. Lisa Randall, mais uma vez, nos brinda um excelente exemplo de lucidez; relatando a questão proposta pela coreografa Elizabeth Strep, que revela o respeito pelo conhecimento, além da humildade em relação ao que não sabe – uma postura rara:

> *"Poderiam as pequenas dimensões propostas por físicos, encurvadas num tamanho inimaginavelmente pequeno, afetar o movimento de nosso corpo?"*

Uma questão foi apresentada, e a coreografa estava se referindo à física da Mecânica Quântica. A resposta é à questão é 'não'. Mas, se a pergunta fosse *'como a matéria é constituída, sua estrutura e propriedades, como existe massa, como corpos diferentes possuem massas diferentes (?)'* mergulharíamos em outra profundidade - totalmente dispensável para quem pretende dançar. E somente neste caso a resposta seria 'sim'.

Não existe, *a priori*, motivos para demonizar o 'reducionismo' e ao contrário – como bem observou Galileu. E também não existem motivos, a priori, para começar pelo 'mais pequeno'; normalmente será por meio da tentativa de explicar macro fenômenos que desceremos paulatinamente até o micro, mas normalmente serão as 'micro verdades' que nos levaram à 'macro certeza'.

Podemos ignorar fenômenos que não interferem nos fenômenos observados e que respondem às questões que nos propomos a resolver. Quando um fenômeno que está sendo ignorado, em função das distâncias, massas, ou escalas envolvidas, interfere em nosso trabalho investigativo, então passaremos a trata-lo como parte do jogo. Se sua interferência não é notada, podemos dispensar um maior aprofundamento, e por mera questão de foco, e objetividade. Sendo assim, consideraremos como parte de nosso universo de observações apenas os fenômenos que interferem na proposição que pretendemos demonstrar. E só.

Linda Randall em 'Batendo à Porta do Céu, sugere um *tour* dimensional no Universo, gostei da ideia, e resolvi propor o meu próprio passeio. Considerando que um ser humano médio adulto tem entre 1,50 e 2,0 metros, usaremos o 'metro' como unidade em nossa 'fita métrica universal'.

O 'metro' se chama metro porque *'metron'* em grego significa 'medida'; e tem o tamanho que tem porque foi arbitrado como medida padrão. Em 1791, a Academia Francesa de Ciências definiu tal medida com base nas dimensões da Terra, ou seja, o equivalente a "um décimo de milionésimo da distância de um meridiano terrestre ao longo de um quadrante". Mas isso dependia de uma Terra perfeitamente esférica, e este não é o caso como já sabemos; em nossa 'pera' ou 'batata' espacial esferoide elipsada, incorreríamos em flagrante imprecisão.

Em 20 de maio de 1875 um novo tratado internacional conhecido como *'Convention du Mètre'* ['Convenção do Metro'] foi assinado por 17 países, estabelecendo também a criação do *'Bureau International des Poids et mesures' (BIPM)* ['Bureau Internacional de Pesos e Medidas'] - uma espécie de laboratório permanente e centro mundial de Metrologia Científica - e a *'Conférence Générale des Poids et Mesures' (CGPM)* ['Conferência Geral de Pesos e Medidas'] - que em sua 1ª edição definiu o protótipo internacional para o 'metro', uma barra de platina-irídio que salvaguardaria a referência desta importante medida padrão de 1889 a 1960.

Os tempos mudaram, e agora a luz estava em alta; de forma que, conforme ratificado pela 17ª Conferência Geral de Pesos e Medidas em 1983, "o metro" ou "1 metro" seria agora redefinido como "o mesmo comprimento percorrido pela luz no vácuo durante o intervalo de tempo correspondente a 1/299.792.458 segundos". Sendo assim, viajaremos ao 'mais grande' e depois ao 'mais pequeno', vamos pra fora e depois pra dentro, em uma régua que vai, em metros, de 10^{27} (diâmetro do universo) a 10^{-35} (distância de Planck), e saltos com a precisão limitada a potências de 10.

Saímos do nosso cotidiano em metros, dezenas, centenas deles, considerando a dimensão dos prédios construídos pelo engenho humano; começamos pelo emblemático Empire State Bulding em New York e seus famosos 381 m, e vamos ao orgulho árabe do Burj Khalifa em Dubai, do alto de seus 828 m, suficiente para provocar vertigens em qualquer King Kong. O aço utilizado no Burj, seria suficiente para construir uma estrada capaz de cobrir ¼ da circunferência da Terra, ou cerca de 10^7 metros.

A evolução geológica nos daria o Everest, com cerca de 8.848 metros, $8,848*10^3$m ou 8,848 quilômetros; mas também a fossa das Marianas $11,034*10^3$m. O oceano Pacífico tem cerca de $20*10^6$m (*megametro*) de extensão, enquanto a costa brasileira tem $7,367*10^6$m de praias banhadas pelo oceano Atlântico.

A Terra tem $1,274*10^7$m de diâmetro contra $3,474*10^6$m da Lua, $1,398*10^8$m de Júpiter; e orbita um Sol com $1,391*10^9$m (*gigametro*) de diâmetro, a uma distância de $149,6*10^9$m (150 bilhões de metros), em uma rota captiva medindo 10^{12}m (*terametro*) de extensão elíptica, dentro de um sistema planetário ou Sistema Solar, com um diâmetro aproximado, em seu semieixo maior, considerando a órbita de Netuno de $4,5*10^{12}$m, e $1,5*10^{13}$m considerando o Cinturão de Kuiper.

Deixamos o Sistema Solar em direção à nossa estrela mais próxima, a anã vermelha *Proxima Centauri*, que dista $40*10^{15}$m (*petametros*) de nós. Viajamos como sistema planetário estelar na periferia da Via Láctea, cujo diâmetro aproximado é de 100.000 anos-luz; considerando um ano-luz equivalente a 10^{16}m, temos um diâmetro aproximado em metros de 10^{21} (*zetametro*).

O Universo abriga 100 bilhões destas galáxias em um diâmetro aproximado de 10^{27}m. No entanto, quando a *radiação cósmica de fundo em micro-ondas (CMBR)* foi emitida, ou quando a nossa 'fotografia' mais antiga do Universo foi tomada, em sua tenra idade de 380.000 anos, o diâmetro do Universo era de 10^{24}m (*yotametro*). Podemos inferir que em cerca de 13,8 bilhões de anos o Universo foi expandido 1.000 vezes em seu diâmetro.

Vale notar que estamos falando em diâmetros, e isso significa que, em área do disco, estaremos elevando a metade deste diâmetro ao quadrado. Vale notar que quando passamos de um diâmetro de 10^3, por exemplo, para 10^4, teremos multiplicado dez vezes aquele diâmetro. Imagine a diferente em extensão entre uma criança de 1 metro, 10^0m, e uma baleia de 10 metros, 10^1m. Imaginem a diferença entre um edifício de 10^2m, ou 100 metros de altura, e outro dez vezes maior, de 10^3m, ou 1.000 metro, ainda não construído pelo homem.

Dust in the wind, somos poeira ao vento cósmico. Fazendo uma analogia, e para provar a nossa insignificância dimensional, tomemos um grão de areia, com 10^{-3}m de diâmetro médio, e dividamos em 1.000 partes; assim teremos um vírus, com uma extensão longitudinal média de 10^{-7}m. Sistema Solar com uma magnitude de 10^{13}m está para o Universo na faixa dos 10^{27}m, assim como um vírus de 10^{-7}m está para a Terra. Pensando bem, somos bem menos do que um grão de areia em perspectiva cósmica, algo como *'virus in the wind'*.

Isso deveria servir para cativar a nossa humildade. Mas, a considerar por nossa força intelectual, podemos nutrir inegável esperança em nossa capacidade de superar obstáculos e, sobretudo, desvendar todos os segredos 'significativos' do Universo. No dia 14 de fevereiro de 1990 esta potência intelectual humana deu mostras indeléveis de seu alcance; tendo completado a primeira parte de sua missão, quando atingiu os estertores do Sistema Solar, a nave *Voyager I*, por solicitação do eminente cientista Carl Sagan, *recebeu comandos para 'dar um cavalinho de pau', virar-se, e fotografar a Terra*. A NASA havia feito uma compilação de imagens espetaculares, compondo um mosaico único do Sistema Solar; mas esta seria uma imagem diferente, esta era a imagem da Terra, e tirada pelo HOMEM, a 6,4 bilhões de quilômetros de distância, mostrando-nos como um insignificante *'pálido ponto azul'* perdido na granulação da imagem e pelo colossal efeito de zoom.

Essa foto impactou tanto ao mundo, revelando a nossa maravilhosa insignificância, que acabou inspirando Carl Sagan a escrever o livro '*Pálido Ponto Azul*' (1994). Não somos absolutamente nada, sequer em nosso parco 'sisteminha'. Júpiter é 1.000 vezes maior do que a Terra e o Sol é hum milhão de vezes maior do que o nosso planeta rochoso - o terceiro posicionado em relação ao '*astro-rei*'. Em uma conferência em 11 de Maio de 1996, pouco antes de morrer, Sagan nos falou um pouco sobre os seus sentimentos em relação à histórica fotografia:

> *"Olhem de novo para esse ponto. Isso é a nossa casa, isso somos nós. Nele, todos a quem ama, todos a quem conhece, qualquer um dos que escutamos falar, cada ser humano que existiu, viveu a sua vida aqui. O agregado da nossa alegria e nosso sofrimento, milhares de religiões autênticas, ideologias e doutrinas econômicas, cada caçador e colheitador, cada herói e covarde, cada criador e destruidor de civilização, cada rei e camponês, cada casal de namorados, cada mãe e pai, criança cheia de esperança, inventor e explorador, cada mestre de ética, cada político corrupto, cada superestrela, cada líder supremo, cada santo e pecador na história da nossa espécie viveu aí, num grão de pó suspenso num raio de sol.*
> *A Terra é um cenário muito pequeno numa vasta arena cósmica. Pensai nos rios de sangue derramados por todos aqueles generais e imperadores, para que, na sua glória e triunfo, vieram eles ser amos momentâneos duma fração desse ponto. Pensai nas crueldades sem fim infligidas pelos moradores dum canto deste pixel aos quase indistinguíveis moradores dalgum outro canto, quão frequentes as suas incompreensões, quão ávidos de se matar uns aos outros, quão veementes os seus ódios.*
> *As nossas exageradas atitudes, a nossa suposta auto-importância, a ilusão de termos qualquer posição de privilégio no Universo, são reptadas por este pontinho de luz frouxa. O nosso planeta é um grão solitário na grande e envolvente escuridão cósmica. Na nossa obscuridade, em toda esta vastidão, não há indícios de que vá chegar ajuda de algures para nos salvar de nós próprios.*
> *A Terra é o único mundo conhecido, até hoje, que alberga a vida. Não há mais algum, pelo menos no próximo futuro, onde a nossa espécie puder emigrar. Visitar, pôde. Assentar-se, ainda não. Gostarmos ou não, por enquanto, a Terra é onde temos de ficar.*
> *Tem-se falado da astronomia como uma experiência criadora de firmeza e humildade. Não há, talvez, melhor demonstração das tolas e vãs soberbas humanas do que esta distante imagem do nosso miúdo mundo. Para mim, acentua a nossa responsabilidade para nos portar mais amavelmente uns para com os outros, e para protegermos e acarinharmos o ponto azul pálido, o único lar que tenhamos conhecido." – Carl Sagan*

Para que não nos percamos na vastidão do Universo, os astrônomos classificaram as diferentes estruturas por magnitude; aglomerados galácticos tem magnitude de 10^{23}m, enquanto galáxias estão na faixa de 10^{20}m, enquanto sistemas estelares estão na casa de 10^{15}m.

Podemos estabelecer uma espécie de 'Calçada da Fama Estelar', Calçada da fama estelar. Colocando em perspectiva, se o nosso astro-rei fosse uma bolinha de tênis, a maior estrela conhecida seria um estádio de futebol. A 'VY Canis Majoris' é uma hipergigante vermelha cerca de 2.100 vezes maior do que o Sol, ostentando um diâmetro de $3*10^{12}$m. Se a nossa estrela fosse pesasse o equivalente a um homem médio de 85 kg, a estrela mais pesada conhecida pelo homem pesaria o equivalente a dois elefantes africanos, cerca de 12,750 toneladas ou 12.750 quilos; a 'Eta Carinae' é 150 vezes mais pesada do que o Sol, fartos $298,365*10^{30}$ quilos. Se o Sol fosse uma lâmpada doméstica de de 100 W, a estrela mais brilhante no céu exibiria uma luminosidade equivalente a três vezes o show de luzes da Fremont Street em Las Vegas. A 'LBV 1806-20' é 38 milhões de vezes mais brilhante que o Sol; isso sim é estrela.

A maioria dos fenômenos descritos aqui podem ser previstos com as clássicas Leis de Newton, mas precisaremos invocar a Relatividade para refinar previsões sobre órbitas planetárias, como no caso do histórico "periélio de Mercúrio" – que veremos adiante - e sobretudo quando falamos em estruturas 'pesadas' como os buracos negros no centro de nossas galáxias, com magnitude na casa dos 10^{13}m, e com uma massa 4 milhões de vezes a massa do Sol.

E aqui iniciamos a nova viagem pra dentro, para o íntimo da matéria. Uma parte deste mergulho se passa através de estruturas que repetem componentes básicos idênticos, como um muro feito de tijolos, como um tecido biológico feito de células, como paredes celulares compostas por moléculas; como sistemas neurais compostos de circuitos que, por sua vez, interconectam neurônios similares entre si.

A história das Ciências Biológicas é, até certo ponto, análoga à história da Física. Um exemplo interessante é o da Circulação Sanguínea descoberta pelo médico inglês William Harvey (1578-1657). Em sua obra 'De Motu Cordis / Sobre o Movimento do Coração e do Sangue', Harvey desbancava em apenas 72 páginas, quase dois milênios de crenças aristotélicas. Harvey trabalharia sobre o legado de outro gigante notável, Cláudio Galeno (129- 217), nominado pela História como Galeno de Pérgamo, ou apenas Galeno; o primeiro anatomista que se tem notícia, a partir da vivissecção e dissecação de macacos.

Mais tarde Leeuwenhoek levaria as descobertas de Harvey a um nível mais profundo de observação, reduzindo as escalas com seu microscópio, confrontando, em muitos casos, a intuição teórica de Harvey com a realidade, por meio de evidências práticas.

> *"Achei a tarefa verdadeiramente árdua [...] que quase me levou a pensar que os movimentos do coração só poderiam ser entendidos por Deus. Pois sequer eu podia perceber de início da diferença entre a sístole e a diástole dada a rapidez dos movimentos." (Power; 'William Harvey')*

Mas Harvey não estava inclinado a 'imperativos categóricos', e buscava a verdade a todo custo; como no provérbio romano:

> *"Fiat Justitia– Ruat Caelum!"*

Faça-se a justiça - mesmo que desabem os céus! Mas os céus desabariam, por intermédio do ódio e da ignorância dos homens, sobre o médico, naturalista, meteorologista, jurista, filósofo e humanista espanhol Servetus - Miguel Servet (1511-1553). Servetus seria o primeiro a descrever a circulação pulmonar. Crente fervoroso sentia-se inconforme com o dogma da "Santíssima Trindade", tendo argumentado consistentemente sobre suas reflexões. Foi preso em Genebra por ordem de Calvino:

> *"Servet acaba de me enviar um volume considerável dos seus delírios. Se ele vir aqui (.), se minha autoridade valer algo, eu nunca lhe permitiria sair vivo." (Durant; 'The Story of Civilization: The Reformation')*

Foi condenado por católicos e protestantes; e sentenciado à morte como herege por Lutero e Calvino, sendo queimado vivo e tendo o seu livro acorrentado às suas pernas.

> *"Quem sustenta que é errado punir hereges e blasfemadores, pois nos tornamos cúmplices de seus crimes [...]. Não se trata aqui da autoridade do homem, é Deus que fala [...]. Portanto se Ele exigir de nós algo de tão extrema gravidade, para que mostremos que lhe pagamos a honra devida, estabelecendo o seu serviço acima de toda consideração humana, que não poupamos parentes, nem de qualquer sangue, e esquecemos toda a humanidade, quando o assunto é o combate pela Sua glória. (Marshall; 'John Locke, Toleration and Early Enlightenment Culture'; 2006)*

Uma digressão necessária, para que esqueçamos de como inspirações "espirituais" lidam com o conhecimento humano, e tendo em vista o último livro de Marcelo Gleiser, *A Ilha do Conhecimento*; quando o mesmo não cessa ao longo de quase 400 páginas de exacerbar o que considera "os limites da ciências", invocando a necessidade de "outros saberes" e de uma tal "espiritualização". Mais uma vez insisto que inventamos a Ciência para testar a nossa própria lucidez.

Mas o que a Circulação Sanguínea tem a ver com a nossa viagem para os limites do *'mais pequeno'*? Descemos da compreensão do funcionamento de todo o sistema, para o trabalho de veias e artérias, e regras especiais para os capilares – que Harvey não pode explicar; então chegamos às células componentes do sangue, e finalmente ao nível molecular envolvendo as reações químicas pulmonares, quando sorvemos oxigênio que será combinado ao sangue, e entregamos gás carbônico à atmosfera. Harvey estava diante de um novo sistema, e precisaria do apoio de Marcelo Malpighi para entender o novo fenômeno microscópico da capilaridade, que desafiava a nossa compreensão invadindo uma nova escala demarcatória. Esta fronteira seria transposta em 1661.

Os capilares sanguíneos medem $10*10^{-6}$m, nossos glóbulos vermelhos medem cerca de $7*10^{-6}$m de diâmetro, similar ao diâmetro de uma gotícula de névoa na bruma da manhã; cem vezes menor do que a espessura de um cartão de crédito, e 10 vezes menor do que a nossa vista alcança, como um fio de cabelo médio com um diâmetro de $5*10^{-5}$m, ou um piolho com $3*10^{-3}$m de extensão, um ácaro com $5*10^{-4}$m.

Os glóbulos vermelhos, hemácias ou eritrócitos, têm uma vida curta, cerca de 120 dias. Durante este período são inestimáveis à vida humana, transportando oxigênio e gás carbônico aos confins do corpo humano e irrigando todos os seus tecidos. As hemácias são renovadas na medula e a partir das instruções contidas em nosso 'filme da vida': o DNA.

A microscopia ótica aguçou a nossa visão em até 1.000 vezes, impondo, por outro lado, um certo comprometimento na noção de profundidade. A microscopia eletrônica, por sua vez, permitiria que os nossos 'olhos' ampliassem sua observação em até 500.000 vezes, com uma precisão de até 0,05 nanômetros, ou 10^{-9}m. Mas a nossa imaginação e engenho multiplicaria este poder, formulando modelos e hipóteses que puderam ser comprovadas, palmo-a-palmo. Assim pudemos investigar o DNA humano medindo cerca de 10^{-7}m, mil vezes maior do que um átomo, com um diâmetro médio de 10^{-12}m. Toda a vida em nosso planeta é sintetizada a partir das receitas contidas na 'mecânica molecular' do DNA.

E aqui descemos à escala atômica, e este é o mundo do *'picômetro'*, ou 10^{-10}m. *Prótons* e *nêutrons* estão faixa de 10^{-13}m, *elétrons* e *quarks* – componentes dos prótons e neutros - seriam menores do que 10^{-15}m. E conforme avançamos em zonas de magnitude diminutas as regras podem diferir muito, e assim como dispomos da Relatividade para entender macroestruturas massivas e velozes, dispomos da Mecânica Quântica para entender a 'mecânica' do que é verdadeiramente muito pequeno. A Mecânica Quântica e a Relatividade valem para todo o espectro de magnitudes do Universo, mas em algumas escalas sua influência é inteiramente desprezível.

O físico dinamarquês Niels Bohr (1885-1962) foi decisivo na compreensão moderna da estrutura atômica e da Física Quântica, abolindo os limites do universo newtoniano, e desafiando o ceticismo de Einstein - em sua famosa carta em 1926 a Max Born:

"A mecânica quântica é certamente uma imposição. Mas uma voz interior me diz que ainda não é real. A teoria diz muito, mas realmente não nos aproxima do segredo do 'antigo'. Eu, de qualquer forma, estou convencido de que Ele não joga dados."

Bohr escolheria seguir sua intuição e as evidências, e estava certo, hoje sabemos, e esta certeza lhe renderia o Nobel de 1922. Bohr responderia ironicamente a Einstein:

"Einstein, não diga a Deus o que fazer."

Bohr sabia que mexia num ninho de vespas, completamente *contra-intuitivo*:

"Quem não está chocado com a teoria quântica não entendeu nada."

Einstein, um gigante monumental, seria traído por sua educação platônica, e tentado a "salvar o fenômeno". Logo ele, que além de revolucionar o Universo com a Relatividade, ainda contribuiria de forma involuntária, mas definitiva, com a própria Física Quântica, ao provar a Teoria do Efeito Fotoelétrico em 1905; o que também lhe rendeu o Nobel em 1921. Como resultado colateral deste trabalho, Einstein demonstraria também que a constante de Planck era universal; dito de outra forma, qualquer fenômeno envolvendo a luz deveria considerar o crivo da constante de Planck em sua elucidação.

Enquanto Niels Bohr exultava em excitação e seguia o seu trabalho, o físico americano Robert Millikan (1868-1953) passaria 11 anos realizando experimentos para provar que Einstein estava errado. Em 1916, Millikan publicaria um artigo derradeiro, demostrando – pasmem vocês - que o trabalho de Einstein estava correto. Este exímio e honesto trabalho mirou em uma acachapante refutação de Einstein, terminando por ser a maior consagração de sua teoria. A História da Ciência premiaria este esforço e a demonstração de uma honestidade sem limites, sendo esta a mais precisa determinação experimental da constante de Planck, e a maior prova do efeito fotoelétrico. Milikan, quem diria, ganharia o Nobel de 1923.

Mas a Mecânica Quântica e o Princípio da Incerteza suscitam toda sorte de impropérios ditos "espiritualistas". QUANTA loucura! A Mecânica Quântica, ou Física Quântica, é a especialidade da Física dedicada ao estudo dos sistemas em escala atômica e subatômica. O seu objeto de estudo são moléculas, átomos, nêutrons, prótons, fótons, quarks, elétrons. A Mecânica Quântica e a Relatividade também podem ser aplicadas a fenômenos macroscópicos, mas sua influência será mínima - como dissemos; o que não justifica a complexidade de seu formalismo. Então, o Universo é Quântico, e esta é a nova fronteira da Física; e trata do universo com extrema delicadeza e precisão. Mas não se animem "espiritualistas", "esotéricos", "metafísicos", "médiuns" e amantes do sobrenatural em geral. Deve ficar claro, antes de tudo, que isso não é uma espécie de "magia" - como logo veremos. Trata-se de um trabalho muito sério, que envolveu homens sérios e abnegados, e uma matemática incrivelmente sofisticada, cercada de precisão sem igual; e jamais seria o palco adequado para a verborragia nebulosa do "transcendental".

O nosso mundo macroscópico, e considerando as velocidades aplicadas, mesmo em deslocamentos espaciais, não depende em absoluto da mecânica quântica. O nosso dia a dia segue inalterado com ou sem Mecânica Quântica. Mas então qual seria a magnitude demarcatória do universo de aplicação da Mecânica Quântica? Onde reside a fronteira da Física Quântica?

Todo tipo de baboseira tem sido escrita, dita e comercializada em nome da Mecânica Quântica e é hora de desmistificar tudo isso. O que determina a caracterização de um assunto como Quântico é, em tese, a Constante de Planck:

$6,626068 \times 10\text{-}34 \ m^2 \ kg/s$

Esta constante deve ser dividida pela massa da partícula, para estabelecer a sua velocidade. Isso define o que realmente viria a ser realmente muito pequeno e muito rápido. Esta é a fronteira. Por exemplo, a massa de Elétron é $9,1093897 \times 10^{-31} kg$, isso faz com que seja necessário utilizar a Mecânica Quântica para bem entender as particularidade de seu comportamento. Então, *'passa pra cá'*, o elétron está dentro do universo de aplicação da Física Quântica; ele se comporta de forma quantizada, dando 'saltos' que correspondem a uma quantidade de energia ou *quanta*.

Mas a poeira, o pólen, as bactérias, não entram na Mecânica Quântica, muito menos o mundo macroscópico em que vivemos; mesmo os neurônios de nosso cérebro e suas sinapses bioquímicas. Dá pra entender porque a Mecânica Quântica não deveria preocupar você?

A velocidade da Luz no vácuo é de 299.792.458 m/s segundo, ou seja, aproximadamente 300.000 km/s (*trezentos mil quilômetros por SEGUNDO*); um F1 pode chegar a 360 km/h, um jato normal chega a 900 km/h, um caça atinge *Mach2* (2.459,08 km/h ou 680,58 m/s) - ou seja, o dobro da velocidade do som

(*Mach1* = 1.225,04 km/h ou 340,29 m/s). A rotação completa da Terra (360º) dura exatamente '23 horas 56 minutos 4 segundos e 9 centésimos'; isso equivale a uma velocidade de rotação impressionante, medida na linha do equador, de 1.674 km/h. Sim, a Terra gira bem mais rápido do que a velocidade do som, mas é bem mais lenta do que um *super* jato. Mas os foguetes que levam o homem à lua e ao espaço precisam atingir a velocidade mínima de 28.000 km/h para escapar da gravidade da Terra. Só que a Terra, por sua vez, viaja em torno do Sol (translação), para completar sua orbita anual de 365,256 dias solares médios (ou um ano sideral), a uma velocidade de 107.280 km/h. É isso aí, estamos rodopiando como um pião a quase 1.700 km/h, e ao mesmo tempo girando desvairadamente em torno do Sol a uma velocidade de quase 108.000 km/h.

A velocidade do Sol, por sua vez, relativa à Radiação de Fundo do Universo, é de 1.332.000 km/h; e vamos em direção à constelação Crater. E a Via Láctea viaja em direção à constelação Hydra com uma velocidade de 1.980.000 km/h. Mas se você acha que estamos indo muito rápido, sinto desapontá-lo, porque também não será por causa da velocidade que seremos enquadrados na Mecânica Quântica.

A Luz viaja a 300.000 km/s, ou seja, 1.080.000.000 km/h (*hum bilhão e oitenta milhões de quilômetros por hora*). Estas são as velocidades no mundo dito *quântico*, um mundo de velocidades próximas ao limite da velocidade do *fóton* (luz); neste cenário, não podemos explicar tudo 'apenas' com a Física Clássica. Sendo assim, espero ter sido claro e convincente ao dizer que você não deve se preocupar com a Mecânica Quântica a menos que trabalhe nesta área; e se este é o caso, certamente você terá saltado estas linhas básicas.

E o muito-muito pequeno sempre será muito-muito rápido. A Mecânica Quântica é chamada de *quântica* em função do fenômeno da *quantização*; uma grandeza é dita *quantizada*, quando apresenta um comportamento descontínuo, dando, por assim dizer, certos 'saltinhos'. Por exemplo, quando aquecemos a água em uma panela verificamos com um termômetro que existe um incremento de temperatura de certa forma 'contínuo', que percorre a escala do termômetro até a temperatura final. As grandezas físicas ditas *quantizadas*, fazendo uma analogia com o exemplo anterior, se comportariam em saltos para valores específicos, como se subissem uma escada ao invés de uma rampa. Por exemplo, a menor energia que um Elétron pode possuir ao orbitar em torno de um Núcleo de Hidrogênio é -13,6eV; se este Elétron for 'aquecido' ele poderá saltar para o nível seguinte, -3,4eV, mas não assumirá valores intermediários de energia. Ele saltará do degrau -13,6eV para o degrau -3,4eV. Isso é Quantização. É um comportamento particular, distinto do mundo macroscópico, mas ainda assim continuamos no mundo físico e científico; sem motivo para festejos metafísicos, espirituais ou sobrenaturais.

Quantum por sua vez é um termo genérico que significa *"quantidade elementar"*, ou, etimologicamente, do latim, *"quantidade unitária"* de algo de natureza qualquer, abstrata ou concreta. Quanta é o plural de Quantum. O fóton é o *quantum* da radiação eletromagnética e da LUZ; uma radiação eletromagnética que os nossos olhos são capazes de detectar – como veremos -, com comprimentos de onda no espectro entre 400nm (violeta) e 700nm (vermelho) - onde '1 nanômetro' corresponde a 10⁻⁹m.

O *"Princípio da Incerteza"* é outro enunciado controverso da Física Quântica. Em 1927, o físico alemão Werner Heisenberg (1901-1976) postulou que no mundo da Mecânica Quântica o observador interage com o experimento. Dito desta forma rudimentar, este aspecto em particular suscitou todo tipo de especulação esotérica, como se algo "mágico" estivesse em jogo; mas trata-se, tão e somente, de uma exacerbação conceitual "da sensibilidade" do mundo Quântico. Partículas muito pequenas e muito sensíveis à nossa tentativa de investigá-las, resultando em incerteza. Heisenberg ganharia o Prêmio Nobel de Física em 1932 "pela criação da mecânica quântica, cujas aplicações levaram à descoberta, entre outras, das formas alotrópicas do hidrogênio".

Em um experimento hipotético cunhado pelo físico como "ideal" ele chegou à conclusão de que ao tentarmos estabelecer simultaneamente a velocidade e a posição de um elétron, e pela sensibilidade das partículas envolvidas, terminaríamos por interferir na *"quantidade de movimento"* da partícula. Utilizando grandes comprimentos de onda poderíamos determinar com precisão a velocidade do elétron; entretanto, a precisão na determinação de sua posição diminuiria. Fazendo o oposto e usando frequências muito elevadas, ou seja, comprimentos de ondas curtas para a luz, a posição da partícula poderia ser determinada com nitidez, mas a imprecisão na velocidade aumentaria - pela interferência. Portanto, concluiu que:

> *"[...] os efeitos combinados na incerteza da posição e velocidade não podiam ser nunca menores do que a constante de Planck dividida pela massa da partícula."*

Esta é a própria fronteira da Física Quântica. Finalmente, a questão da interferência do observador sobre o experimento resulta da sensibilidade, e não porque adentramos um mundo místico e metafísico onde toda a realidade conhecida pode ser questionada. Na verdade entramos cada vez mais fundo em nosso entendimento sobre o universo, sobre a realidade, e felizes pela certeza de que infinitas e novas fronteiras, delicadas e sutis, ainda estão por vir; enquanto a ignorância decresce exponencialmente – e não o contrário.

O LHC ou 'Grande Colisor de Hádrons' pode ser considerado o supremo 'microscópio'; e por um bom tempo esta será a fronteira do *mais pequeno*. O colisor de partículas esta preparado para detectar fenômenos da ordem 10^{-19}m. E o limite teórico de nossa régua 'interior' é o *comprimento de Planck*, uma distância inimaginável no espaço, onde a luz percorreria no *tempo de Planck* a distância de correspondente de $1,6*10^{-35}$m. Estas unidades conjuram o conjunto das Unidades de Planck, proposto pelo próprio em 1899. Segundo a Relatividade combinada à Mecânica Quântica, nada que fosse menor do que este limite poderia ser previsto pelos recursos intelectivos.

A explosão da Matemática Combinatória, já nos alertava o psicólogo Steven Pinker em *'Como a Mente Funciona'* (2007), traz à tona o famoso e saudoso slogan da MTV: *"demais nunca é o bastante"*. Contrastando com a nossa insignificância física diante dos assombrosos números Universais, sejam eles quantitativos ou qualitativos, o nosso imperfeito órgão de processamento, o cérebro, também pode nos conduzir ao assombro – isso, quando bem utilizado -, quando confrontamos sua capacidade. Uma conta superficial pode facilmente demonstrar o que digo: o número de sentenças, significados conceituais, movimentos arquitetados sobre um tabuleiro de xadrez, melodias memorizadas, intuídas, memórias episódicas, conceitos, sensações, processadas pelo cérebro humano, pode exceder, em muito, ao número de partículas existentes do universo.

Apenas para revisitar o xadrez, podemos considerar que existem de 30 e 35 possíveis movimentos em cada lance de uma partida, e que poderão ser revidados na mesma medida. Isso perfaz a possibilidade de cerca de mil jogadas. Uma partida de xadrez típica está concluída em 40 lances, o que define um universo possível de assombrosas 10^{120} diferentes partidas jogadas. Estimamos a existência de aproximadamente 10^{70} partículas no Universo visível; sendo assim, não será uma boa ideia jogar xadrez apenas pela memorização de todas as possíveis jogadas projetadas sobre todas as possíveis partidas.

O mesmo raciocínio vale para sentenças, histórias, poesias, melodias.

> *"Em vez de armazenar zilhões de inputs e seus outputs ou de perguntas e suas respostas, um processador de informações precisa de regras ou algoritmos que operem com um subconjunto de informações por vez e calculem uma resposta exatamente quando ela for necessária."* – Steven Pinker ('Como a Mente Funciona'; 2007)

A informação tem um custo: o tempo. Não podemos memorizar todas as jogadas do xadrez em um cérebro menor do que o tamanho do universo, e não podemos jogar mentalmente todas as partidas de xadrez no tempo de duração de uma vida menor do que a idade do universo, ou 10^{18} segundos.

Encontrar a solução de um problema em cem anos, por exemplo, e em termos práticos e mortais, é o mesmo que não o resolver. Assim foi necessário que muitos cérebros trabalhassem ao largo de muitos séculos, paralelamente, e a velocidade neste ponto é exponencial.

Mas alguns leem manuscritos da Idade do Bronze, e assim orientam suas vidas. Sem recordar que a vida é uma sequência de prazos finitos.

> "A percepção e o comportamento ocorrem em tempo real, como quando se caça um animal ou se mantém uma conversa. E, como a própria computação leva tempo, o processamento de informações pode ser parte do problema ao invés de ser parte da solução. Imagine alguém que saiu para uma caminhada e planeja a rota mais rápida para voltar ao acampamento antes de escurecer demorando vinte minutos para planejar um roteiro que lhe economize dez minutos."
> – Steven Pinker (idem)

O processamento neural de informações consome energia.

> "Isso é óbvio para qualquer um que tenha prolongado a vida útil da bateria de um laptop desacelerando o processador e restringindo seu acesso às informações do disco. Pensar também é dispendioso." – Pinker (idem)

O imageamento do cérebro por meio da emissão de pósitrons na ressonância magnética depende do fato de que o funcionamento cerebral demanda mais sangue e consome mais glucose quando intensifica suas operações. Sendo assim, qualquer ser possuidor de um sistema neural, mesmo que primitivo, e devidamente *"encarnado"* - em forma inescapavelmente material -, sem direito a subterfúgios neuropatológicos, operando em tempo real, e sujeito às leis da termodinâmica, deve sofrer restrições no acesso e manuseio de informações.

Por que nos entupiríamos mais e mais de informação? Por que ler jornais efêmeros? Considero que nos últimos passos de nossa evolução deflagramos uma escalada exponencial a partir de nossa natureza, seguida da grande expansão da linguagem, que finalmente redundou na capacidade de acúmulo de conhecimento extracorpóreo. A genética está na base de nosso comportamento, o domínio da linguagem nos permite o sucesso social, e ascender ao conhecimento nos permite potencializar nossas aptidões naturais, enquanto poderemos moderar nossas debilidades, e assim viver melhor, com base em nossa 'natureza'.

6. *Lux*

Era uma tarde ensolarada qualquer de 1665 em Cambridge, Inglaterra. Newton, então um jovem e promissor cientista cursando o *Trinity College* escureceu completamente o seu quarto; ele tinha um plano, uma hipótese, uma 'luz' acesa em sua mente. Apenas uma fresta na veneziana permitia que um delgado e persistente raio de Sol entrasse para a História. Outros, antes dele, 'sabiam que' o arco-íris podia ser decomposto, mas era chegada a hora de 'saber como'. Newton conduziria este feixe de luz através de um, através de dois prismas. Ele confirmaria que *a luz que se dispersava e se decompunha nas cores do arco-íris, podia ser recomposta em luz*. Newton concluiria nesta tarde, e acertadamente, que o raio de luz proveniente do Sol 'continha' todas aquelas 'possibilidades' de cores. As cores não eram produzidas pelo prisma ou pelas gotículas - no caso do arco-íris -, mas estavam todas elas contidas no feixe de luminoso – na luz.

Em suas solitárias tardes de sol, Newton observaria ainda que produzia feixes oblongos, e não circulares como previsto pela lei da refração conhecida como Snell-Descartes; também notou que se apenas uma cor do arco-íris atravessasse novamente o prisma, não haveria nova decomposição cromática, e o feixe de luz que emergia do prisma era apenas ampliado ou estreitado. O tiro de misericórdia viria com a trivial e genial demonstração do 'disco de Newton', quando um disco com as cores do arco-íris pode ser girado por nossas crianças na sala de aula para obter a cor branca.

Em 1704, Newton estava pronto para concluir a sua famosa obra *'Opticks'* – *'Ótica, ou Um Tratado das Reflexões, Refrações, Inflexões e Cores da Luz'* -, e assim atingir o cume da ótica geométrica; hoje uma fronteira inteiramente transposta. Para isso ele precisou apenas de admiração, lucidez e um par de prismas adquiridos na lendária feira de Stourbridge. Na ocasião ele também adquiriu um exemplar de 'Os Elementos' de Euclides; como autodidata, este seria o seu portal para a Matemática.

Mas o matemático Euclides de Alexandria, que viveu no século III AEC, considerado por muitos como "O Pai da Geometria", estaria inteiramente enganado sobre a luz. Euclides esteve irremediavelmente preso aos constructos da perfeição platônica, um dentre muitos célebres matemáticos e geômetras, pouco atidos à observação dos fenômenos naturais, e excessivamente confiantes no "domínio da ideias". Este também seria o caso de Leibniz e Descartes.

Alguns historiadores da Ciência (Lee & Fraser; 'The rainbow bridge: rainbows in art, myth, and science'; 2001) atribuem ao platônico-pitagórico e escolástico Aristóteles a primazia do estudo da ótica pela observação do arco-íris em sua obra 'Meteorologica' [ou 'Meteora'] (350 AEC). Apesar dos inúmeros equívocos e seu apelo ao misticismo da numerologia pitagórica, a explicação qualitativa de Aristóteles, demonstraria certa inventividade e consistência, inigualável nos séculos que se seguiram. Observando ainda que o termo 'meteorologia' se deve ao fato de que os povos da antiguidade prediziam o clima com base na observação dos astros – o que inclui os insondáveis meteoros e cometas. Os egípcios associavam a observação do movimento do Sol, das estrelas e dos planetas, com as estações climáticas e até as cheias do Nilo - tão essenciais à sobrevivência dos povos dos faraós.

Aristóteles e sua 'Meteora' estabeleceriam um marco na história da meteorologia. No século IX, o naturalista curdo Al-Dinawari em seu 'Livro das Plantas' detalharia as possíveis aplicações da meteorologia na agricultura; e proporcionando inegável avanço ao mundo islâmico (Roman; 'História ilustrada da ciência: Oriente, Roma e Idade Média'; 1987).

Em 65, o filósofo romano Sêneca, "o Jovem", dedica uma obra inteira ao arco-íris ('Naturales Quaestiones'). Ele nota que o arco-íris só pode ser visto em oposição ao sol; nota também que o arco-íris pode resultar da água quando pulverizada. E cria o seu próprio arco-íris com um pedaço de vidro, antecipando as experiências de Descartes e Newton com prismas. Sêneca teoriza sobre a reflexão do Sol nas gotículas de água.

No século IX, o polímata - ou sabe-tudo – islâmico Al-Kindi (801-873), seria um dos primeiros a introduzir a escolástica aristotélica no modelo de sua escola 'Peripatética' no mundo árabe. Al-Kindi também ressuscitaria o equivocado modelo ótico euclidiano, tratando a luz como sendo emitida por nossos olhos. Aristóteles, Euclides e Al-Kindi, precederam a Metodologia Científica, que viria a ser fortemente alicerçada por Galileu e Newton, ganhando impulso moderno com o Círculo de Viena. Ainda assim, em 1021, o árabe Alhazen escreveria sobre a refração atmosférica da luz, demostrando corretamente que o fenômeno só é possível quando o disco solar está 18° abaixo de na linha do horizonte; com isso, e valendo-se de complexos recursos de geometria, ele também concluiu que a altura da atmosfera terrestre deveria ser de aproximadamente 79 km - o que está bastante próximo da realidade.

Outro polímata persa, cujo nome latinizado era Avicena (980-1037), e seu homólogo muçulmano andaluz Averróis (1126-1198), também estudariam o tema. Enquanto Avicena esteve debruçado sobre a obra de Platão, Averróis trabalhou sobre Alhazen. Ainda no século XIII, o germânico Alberto Magno seria o primeiro a propor que cada gota de chuva tinha a forma de uma pequena esfera, deduzindo que o arco-íris seria produzido pela interação da luz com cada gotícula. Já no final do século XIII, o alemão Teodorico de Freiberg (1250-1310) e o persa Kamal al-Din al-Farisi (1267-1319) continuariam e corrigiriam o trabalho de Averróis, sendo os primeiros a darem explicações plausíveis e coerentes sobre o fenômeno do arco-íris.

> *"[Al-Farisi] propôs um modelo em que o raio de luz do sol refratada duas vezes por uma gota de água, uma ou mais reflexões que ocorrem entre as duas refrações." (O'Connor & Robertson; 2007)*

Ele executou primeiramente um experimento simples e engenhoso para provar sua hipótese; uma esfera de vidro foi preenchida com água, e colocada dentro de uma câmara escura, com uma abertura para a passagem controlada de um feixe de luz. Através de vários estudos e observações detalhadas, al-Farisi concluiu que a refração luminosa nada mais era do que a decomposição da luz, e nas cores observadas no arco-íris.

Freiberg desconhecia o trabalho de al-Farisi, e utilizando outros métodos chegaria às mesmas conclusões. Teodorico iria ainda mais longe, explicando também o fenômeno do arco-íris secundário:

> *"[...] quando a luz solar incide sobre gotas individuais de umidade, os raios passam por duas refrações (mediante a entrada e a saída) e uma reflexão (na parte de trás em declínio) antes da transmissão para o olho do observador." (Freiberg; 'De iride et radialibus impressionibus')*

O oriente distante também faria a sua parte. Registros históricos dão conta de outro polímata, Shen Kuo (1031-1095), a serviço da Dinastia Song na China. A sua descrição do fenômeno da refração atmosférica no arco-íris reflete basicamente a compreensão moderna do fenômeno.

O mestre de Oxford, *"Doctor Mirabilis"* segundo a igreja, filósofo e empirista inglês, Roger Bacon (1214-1294) – inspiração para o personagem franciscano Guilherme de Baskerville, retratado na obra *'O Nome da Rosa'* de Umberto Eco -, também estudaria o 'Livro de Ótica' de Alhazen para escrever o seu 'Opus Majus' (1268). O franciscano seria o primeiro a calcular o tamanho angular do arco-íris, afirmando que o seu topo nunca poderia erigir-se acima de 42° em relação à linha do horizonte.

Seria necessário esperar até o século XVII para que o fenômeno fosse melhor descrito na 'Lei da Refração da Luz'; e esperar por Newton para que fosse entendido. Apesar de Newton, e com efeito, o fenômeno da dispersão luminosa precisaria do gênio de Maxwell no século XIX, e do advento da Mecânica Quântica no século XX. Mas estamos em 1637, e o filósofo e matemático francês René du Perron Descartes (1596-1650), ergue-se sobre os ombros de dois astrônomos e matemáticos, o inglês Thomas Harriot (1560-1621) e o holandês Willebrord van Roijen Snell (1591-1626), para propor aquela que seria a expressão analítica da Lei de Snell-Descartes.

Um século e meio depois do advento de Newton, outro cientista examinaria com maior afinco a decomposição luminosa provocada pelo prisma, explicando o fenômeno das faixas escuras em meio às cores. Este código de barras escrito pela natureza leva o nome de *Linhas de Fraunhofer*, em homenagem ao seu descobridor, o físico alemão Joseph von Fraunhofer (1787–1826). O químico inglês William Hyde Wollaston, havia notado pela primeira vez, em 1802, a existência das misteriosas e repetitivas linhas escuras no espectro da luz solar. Mas a primazia da explicação do fenômeno coube a Fraunhofer; ele identificou cerca de 570 destes códigos de barras.

Posteriormente, o físico alemão Gustav Robert Kirchhoff (1824 - 1887) – o cara das famosas Leis de Kirchhoff - e o químico alemão Robert Wilhelm Eberhard von Bunsen (1811 - 1899) – aquele do Bico de Bunsen -, descobriram a correlação do código de barras em forma de linhas espectrais e elementos químicos. Eles deduziram corretamente que as linhas escuras no espectro solar eram causadas pela absorção da luz pelos elementos existentes nas camadas mais externas do Sol. Algumas das faixas observadas são também causadas pela absorção da luz pelo oxigênio existente na atmosfera terrestre.

Kirchhoff e Bunsen descobriram ainda que, assim como são encontrados na Terra, também podemos encontrar elementos químicos como sódio, cálcio, cromo, níquel, bário, cobre, zinco, também no Sol. Foram descobertas linhas escuras no espectro solar que não correspondiam a nenhum elemento conhecido na Terra. O Hélio, por exemplo, foi descoberto desta forma; e só seria encontrado na Terra após 17 anos da descoberta de sua existência no Sol.

Já no século I AEC o filósofo e poeta Tito Lucretius (99-55 AEC) havia especulado sobre a natureza "particulada" da luz; Newton seguiria este caminho, mas a sua teoria "corpuscular" chocava-se de frente com teorias rivais, como no caso de Robert Hooke (1635-1703) e Christiaan Huygens

(1629-1695). Estes acirrados debates se arrastaram por anos, e para o bem da Ciência (Magie; *'A Source Book in Physics'*; 1935).

Hooke também havia feito o seu trabalho e realizado experimentos relacionados com a luz, descritos em seu livro *'Micrographia'* de 1665. Hooke afirmava que a luz era uma substância material, decorrente da vibração do "éter" aristotélico; e que a emissão de luz decorria de um movimento vibratório de ínfima amplitude. Sendo o curador experimental da emblemática *'Royal Society of London for Improving Natural Knowledge'*, Hooke naturalmente seguia o seu lema:

"Nuliius in verba / Não aceite a palavra de ninguém como prova"

Hooke havia realizado um *"experimento inesperado"*, onde ele projetou feixes de luz solar em uma jarra com líquido vermelho e depois em uma outra com líquido azul; ele, então, misturou as jarras e observou que a luz era bloqueada. Hooke não conseguiu explicar o fenômeno que mais tarde Newton solucionaria.

A histórica contenda começa com uma carta datada de Janeiro de 1672, onde Newton escrevia ao teólogo alemão Heinrich Oldenburg, secretário da Royal Society:

"Fiz uma descoberta filosófica que na minha avaliação é a mais estranha, se não a mais importante observação que até hoje foi feita a respeito das operações da natureza"

Algumas semanas depois Newton enviaria outra carta aos membros da Royal Society, narrando o que chamava de *experimentum crucis* sobre a decomposição espectral da luz através de um prisma. Na carta intitulada *'A New Theory About Light and Colours'* [ou *'Uma Nova Teoria Sobre Luz e Cores'*], Newton explicava o dito *"experimento inesperado"* realizado por Hooke: como a luz era composta de muitos "raios", a jarra com líquido azul deixava passar um tipo de raio (azul), mas bloqueava as demais, e o mesmo comportamento seria notado na jarra com líquido vermelho. Com os líquidos misturados, concluiu que nenhum raio poderia passar através da mistura.

Oldenburg recebeu a carta de Newton em 08 de fevereiro de 1672 e a incluiu na reunião da Royal Society naquele mesmo dia; além disso, recomendou que a carta fosse publicada no periódico *'Philosophical Transactions of the Royal Society of London'*. Em 19 de fevereiro de 1672, a carta foi publicada iniciando na página 128. Hooke ficou furioso, e sequer tentou reproduzir o *experimentum crucis* de Newton. O inventor do Cálculo Diferencial e Integral mostrou-se à altura da encrenca, exibindo com inescapável brilhantismo o seu talento retórico. A histórica controvérsia epistolar seria documentada na *'Philosophical Transactions'* por quase uma década.

Em 1680, toma lugar o evento caracterizado por uma das mais sarcásticas rasteiras retóricas da história; Newton se vale do fato de que Hooke possuía estatura diminuta e encurvada, quase um anão. Em uma carta eivada de falsos elogios, Newton começa louvando as contribuições de Hooke ao seu trabalho. Neste cenário, citaria a expressão *'sobre os ombros de gigantes'*, cunhada originalmente pelo monge medieval Bernardo de Chartres. Newton deflagraria a expressão, desde então imortalizada, referindo-se irônica e deselegantemente à baixa estatura de seu oponente intelectual:

Se vi mais longe foi por estar de pé sobre ombros de gigantes. 'Carta para Robert Hooke', 15 de Fevereiro de 1676):

Essas cartas estão registradas, por exemplo, no livro escrito pelo físico francês Jean-Pierre Maury (1937-2001): *'Newton e a Mecânica Celeste'* (2008). Seguem alguns dos melhores momentos.

Carta de Hooke a Newton, escrita em 20 de janeiro de 1676:

"Ao muito querido amigo, Sr. Isaac Newton. Prezado Senhor, Ler sua carta, semana passada, na reunião da Sociedade Real, me fez pensar que o senhor, de uma ou de outra maneira, talvez tenha sido deliberadamente mal informado a meu respeito. Sobretudo tendo eu próprio sido vítima de detestáveis procedimentos desse tipo. Por isso tomei a liberdade – que creio admissível em matéria de filosofia – de pessoalmente lhe falar e dizer não concordar, de forma alguma, com disputas, brigas e controvérsias públicas, sendo apenas bem contrariado que me levariam a guerras desse gênero. Acrescento que meu espírito avidamente busca – e de bom grado adota – toda verdade recém-descoberta, mesmo que se choque e contradiga noções e opiniões até então por mim consideradas verdadeiras. Por último, que dou o devido valor às suas demonstrações, sentindo-me extremamente feliz de ver se estabelecerem, com ganhos, ideias que abordei há tanto tempo, sem ter podido levar adiante o estudo. Em minha opinião, o senhor foi muito mais longe do que eu neste assunto: assim como diz que não poderia encontrar tema mais digno de suas reflexões, em minha opinião tal tema não poderia encontrar, para seu estudo, ninguém mais capaz do que o senhor, que tudo possui para completa, retificar e modificar meus estudos de juventude, tarefa que gostaria de ter podido cumprir pessoalmente se outras, mais urgentes, me houvessem permitido, mesmo que com capacidades, tenho certeza, bem inferiores às suas. Sua meta, creio, é a mesma que a minha, ou seja, a Descoberta da verdade, e suponho que ambos apreciamos ouvir objeções, se estas não vêm imbuídas de declarada hostilidade. [...] Tal forma de discussão me parece mais filosófica que a outra, pois, mesmo que o choque entre dois sólidos adversários possa produzir luz, quando acionado por terceiros, tal choque produz também calor que só serve. para atear fogo à pólvora. Espero, caro senhor, que perdoe a franqueza deste seu humilde e dedicado servidor, Robert Hooke.

A Resposta de Newton veio em 5 de fevereiro de 1676:

Prezado senhor, Ao ler sua carta, fiquei encantado com sua atitude livre e generosa, acreditando que agiu como de fato convém a um verdadeiro espírito filosófico. O que mais temo, em matéria de filosofia, é a controvérsia, sobretudo pelo canal da imprensa: por tal motivo aceito com alegria a proposta de correspondência particular. O que se diz diante de um público numeroso raramente se inspira na exclusiva intenção da verdade, enquanto as relações pessoais entre amigos se assemelham mais a uma conversa do que à controvérsia. Espero, pois, que assim ocorra entre nós. Suas observações serão, desse modo, absolutamente bem-vindas, apesar de não ter mais por esse tema – e talvez nunca mais o recupere – prazer suficiente para ainda lhe dedicar meu tempo. [...] Mas o senhor valoriza sobremaneira minhas capacidades. O trabalho de Descartes constitui um enorme passo adiante. O senhor inclusive muito acrescentou a ele, e de diversas maneiras, sobretudo ao estudar, de maneira filosófica, as cores das lâminas finas. Se pude enxergar a tão grande distância, foi subindo nos ombros de gigantes. Não tenho dúvida de que dispõe de vários experimentos importantíssimos, além dos que foram publicados. Alguns, provavelmente, semelhantes aos que constam do meu último texto. Há pelo menos dois que sei que o senhor certamente fez [...]. Tenho, então, pelo menos iguais motivos para reverenciá-lo quanto o senhor a mim, sobretudo se considerarmos as dispersões que os negócios lhe impõem. Mas basta de tudo isso. Sua carta me deu a oportunidade para lhe perguntar sobre a observação, que o senhor me propõe fazer, da passagem de uma estrela na proximidade do zênite. Voltei de Londres alguns dias antes do que disse, pois devia encontrar um amigo em Newmarket, e assim faltei a suas informações. Passei em sua casa um ou dois dias antes de partir, mas não o encontrei. Então, se ainda desejar que se faça essa observação, basta enviar suas instruções a este seu humilde servidor, Isaac Newton.

A frase, 'ou o conceito', foi invocado mais de meio milênio após o episódio em Chartres, e não podemos atestar que Newton conhecesse a expressão. Newton protagonizou muitos aforismos genais, como por exemplo quando se referiu em seu *'Quaestiones Quaedam Philosophicae'*, 1664 aos filósofos, e em especial aos devotos platônico-aristotélicos:

"Platão é meu amigo; Aristóteles é meu amigo — mas meu melhor amigo é a verdade."

A História do Pensamento e da Literatura está repleta de coincidências, citações sobre citações, e grandes frases que foram ditas, de modo um pouco diferente, em contextos diferentes, em séculos ou milênios diferentes, o que não invalida a força de seu efeito, e o valor de quem as coligiu e proferiu. Na verdade os dois possuíam valiosas contribuições, apesar da envergadura do trabalho de Newton.

Com efeito, em 1821, o físico francês Augustin Jean Fresnel (1788-1827) apresentaria à Academia Francesa de Ciências uma primeira explicação para o fenômeno físico da luz levando em conta a estrutura molecular da matéria. Fresnel estabelecia, então, as fundações para a Teoria Ondulatória da Luz; considerando que a dispersão luminosa dependia da relação entre o comprimento de onda da luz e a estrutura molecular do meio de refração. O físico, médico e egiptólogo britânico, Thomas Young (1773-1829), também professor de filosofia natural do 'Royal Institution', se uniria ao esforço de

Fresnel, elaborando a experiência que ficou conhecida por 'dupla fenda', permitindo a confirmação do carácter ondulatório da luz.

Mas caberia ao físico holandês Hendrik Antoon Lorentz (1853-1928), finalizar o trabalho de Fresnel e Young, levando o Nobel de Física em 1902. Lorentz explicou a dispersão luminosa ao formular a equação para cálculo do índice de refração em qualquer meio, e descrevendo a luz como uma onda eletromagnética monocromática (Born & Wolf; *'Principles of Optics'*; 1983).

Estava aberto o caminho para decodificar o universo. Por esta porta invadimos a intimidade das estrelas, explorando - aqui da Terra – sua composição, temperatura e evolução. Em 1912, o astrônomo americano Vesto Slipher (1875-1969) apontou suas ferramentas para o céu, descobrindo o parentesco entre as estrelas. Tudo fluía bem, exceto pelo fato de que todas as linhas de absorção apresentavam um padrão de deslocamento em quantidade do comprimento de onda.

O fenômeno foi entendido à época como uma consequência e extensão do já conhecido efeito Doppler. O famoso efeito leva o nome de Christian Doppler (1803-1853), o físico austríaco responsável pela façanha do desenvolvimento da Mecânica Ondulatória; ele foi o primeiro a oferecer uma explicação física para um conhecido fenômeno, em 1842. Como no inesquecível *cartoon* de Sidney Harris, onde dois cowboys despreocupados estão montados sobre seus cavalos e observam os trens que se deslocam ao longe; então, um deles comenta displicente:

"Adoro ouvir o lamento solitário do apito do trem conforme a magnitude das mudanças de frequência devido ao efeito Doppler."

A hipótese de Doppler foi testada e confirmada para ondas sonoras pelo químico e meteorologista holandês Buys Ballot Christophorus (1817-1890), em 1845. Doppler previu corretamente que o fenômeno seria aplicável a qualquer tipo de ondas; em particular, sugeriu que as diferentes cores das estrelas poderia ser atribuído ao seu movimento em relação à Terra. A História reivindicaria a genialidade de Doppler, na confirmação observacional do fenômeno do *'redshift'*.

O primeiro *redshift* Doppler foi descrito pelo físico francês Hippolyte Fizeau em 1848, que concluiu sobre as alterações nas linhas espectrais observadas em estrelas como sendo devido ao efeito Doppler. Por esta razão o efeito é também conhecido por *'Doppler-Fizeau'*.

Outro gigante, o escocês James Clerk Maxwell (1831-1879), confirmaria a natureza ondulatória da luz, demonstrando que a velocidade de propagação de uma onda eletromagnética no espaço equivale à velocidade de propagação da luz; acercando-se das medições atuais, em torno de 300.000 km/s. Hooke teria adorado saber disso, elevado aos ombros deste homem notável:

"A luz é uma 'modalidade' de 'energia radiante' que se 'propaga' através de ondas eletromagnéticas." – James Maxwell

Einstein, a partir do trabalho de Max Planck, demonstraria que um feixe de luz 'também' pode ser encarado como uma série de *pequenos pacotes de energia*, ou *fótons*, e levando o Nobel por isso. Newton adoraria saber, mas já descansava em um berço intelectual pra lá de esplêndido.

A Física Moderna reconheceria a natureza dual da luz; como onda eletromagnética como Maxwell pretendia em sua concepção ondulatória, e como um feixe de fótons como a parceria Planck-Einstein consagrou.

A natureza ondulatória da luz estende-se por um *espectro eletromagnético* que está classificado pela relação inversa entre a frequência e o comprimento de onda. Conforme aumentamos a frequência o comprimento de onda diminuirá proporcionalmente. Isso porque a velocidade da luz é constante.

. a frequência multiplicada pelo comprimento de onda será sempre igual à velocidade da luz.

Uma porção diminuta de todo o espectro eletromagnético é visível - o espectro óptico -, uma faixa que vai da cor violeta [com uma frequência estimada de 750THz] ao vermelho [com uma frequência estimada de 400THz]. Os fótons que viajam dentro desta faixa de frequência atravessam a córnea, penetram em nossas pupila, atravessam o cristalino, e sensibilizam as estruturas moleculares em nossa retina - composta por cerca de 6 milhões de cones, responsáveis pela sensibilidade à cor [ou frequência do fótons], e cerca de 120 milhões de bastonetes, responsáveis pela percepção da intensidade luminosa [ou quantidade de fótons]. Acima da frequência de luz visível, encontraremos a faixa de radiação ultravioleta, superada respectivamente pela faixa de raios X, raios gama e raios cósmicos. Abaixo da frequência de luz visível, encontraremos as faixa de radiação infravermelho, micro-ondas e rádio.

A ótica geométrica estava concluída, e validada dentro de seus limites de aplicação. A teoria *corpuscular* de Newton não acomoda a natureza ondulatória da luz. A descrição válida provida pela Mecânica Quântica, bem define o *fóton* como causa e parte de toda radiação eletromagnética. Em outras palavras, todo o espectro eletromagnético está 'quantizado' em fótons. *Fótons* são partículas fundamentais ou elementares; podem ser criados e destruídos sempre que interagem com outras partículas, e sofrem decaimento espontâneo. O *fóton* é o único tipo de partícula no Universo que não tem massa intrínseca, detectável, ou – segundo a Relatividade - "restante". Os *fótons*, como veremos, têm salvo conduto no Campo de Higgs.

O *fóton* viaja à velocidade da luz (c), que pode sofrer variação em função do meio, mas que nunca supera a marca de 299.792 km/s no vácuo. A despeito de não possuir massa, os *fótons* registram *momentum*, proporcional à sua frequência, e inversamente proporcional ao seu comprimento de onda; este *momentum* ou energia é transferida quando um fóton colide com a matéria. O campo gravitacional, por sua vez, afeta os *fótons* com uma intensidade duas vezes maior do que as predições da mecânica newtoniana. A Relatividade Geral corrigiria isso.

A Mecânica Quântica passaria a englobar o estudo da luz; as fronteiras da ótica, hoje, estão dentro de seu território. O fenômeno do laser, por exemplo, é explicado e tratado pela Mecânica Quântica; assim como os fotomultiplicadores e as células fotovoltaicas que convertem luz solar em eletricidade.

A Física de Partículas, por sua vez, também abarca a Eletrodinâmica, cujo expoente maior foi o eminente físico americano Richard Feynman. Ele seria o primeiro a entender a relação entre a Relatividade Especial e a Mecânica Quântica. Com a Eletrodinâmica chegamos ao ápice de nossa capacidade científica de predição e precisão.

A física americana Lisa Randall observa em seu 'Batendo à Porta do Céu':

"Lembro-me de me sentir um pouco enganada quando meu professor do ensino médio, após dedicar meses às leis de Newton, disse à classe que essas leis estavam erradas."

Isso não é verdade, como bem sabemos, e conforme foi discutido no capítulo anterior. Além da neuropsicologia humana que abriga diversas configurações de comportamento, algumas com inclinações ao comentário bombástico, 'espetaculoso', ou 'do contra', e com vieses narcisistas; sabemos que tudo isso não passa uma questão de escalas. As leis do movimento de Newton funcionam muito bem para os limites dos fenômenos aos quais nos dedicamos cotidianamente. Seria impensável ensinar o Cálculo Diferencial e Integral – igualmente newtoniano – e a Relatividade Geral no ensino médio. Da mesma forma, e mais uma vez suscitando a questão das perguntas, do foco nas escalas e na respectiva gradação de erro, devo dizer que astrônomos interessados em um elevado nível de detalhes em relação às órbitas planetárias, não estão interessados – em princípio - na composição geológica dos referidos planetas, e muito menos em relação aos detalhes envolvidos na fusão termonuclear que 'acende' as estrelas que orbitam. Enquanto calculamos a diferença infinitesimal que separa dois bólidos da 'Formula 1' ao cruzarem 'nariz-com-nariz' a linha de chegada, não precisamos entender do a 'fricção' das partículas componentes de cada carro no onipresente Campo de Higgs.

A Ciência Clássica está de pé, mas não está na linha de frente dos avanços científicos; fustigamos os limites do maior e do menor, assim como os limites em gradação de erro, e este é o caso. Também avançamos metodologicamente, e este é um ponto essencial.

[@]

A Cosmologia Moderna sabe hoje que a matéria escura dominou o universo de seu nascimento até 5 bilhões de anos atrás, quando a energia escura assumiu o controle promovendo uma expansão acelerada. Isso implica necessariamente que a 'Constante de Hubble' (H), um dos parâmetros mais importantes para a Cosmologia, não é de fato constante; melhor seria, então, se nos referíssemos a elas como um parâmetro ou fator; mas o referendum semântico está consagrado, então, que assim seja.

A 'constante' de Hubble determina a taxa ou velocidade de expansão do universo; uma constante que varia com o tempo, e ao longo das fases de desenvolvimento do universo – hoje amplamente dominado e impulsionado pela energia escura. Em 1929, Edwin Hubble confirmaria o que já supúnhamos, por Lemaître e Friedmann; que as galáxias estão se afastando de nós. Este fenômeno, como vimos, foi possível graças à conceituação do desvio do espectro luminoso da galáxia para o vermelho, ou *redshift*, estudado por Slipher – assomado aos ombros de Doppler, e tantos mais. Mas história *redshift* começaria, de fato, naquela tarde ensolarada em Cambridge.

Hubble juntaria as peças, comparando as distâncias entre as galáxias com as medições de Slipher sobre as velocidades de afastamento. Em 1929, com a ajuda das observações de Milton Humason (1891-1972), membro da equipe do observatório Monte Wilson. Humason era tão importante que sua presença era bem vinda, mesmo que não pudesse apresentar um diloma escolar. Hubble anunciaria, então, a feliz descoberta de uma relação empírica impressionante entre a velocidade de recessão – velocidade de afastamento - e a distância da galáxia. Quanto mais distante a galáxia mais rápido elas estão se afastando de nós, e de forma linear.

Do nosso ponto de vista, do ponto de vista de nossa galáxia, todas as outras estão se afastando; sendo que, *se uma galáxia está duas vezes mais longe ela estará se afastando com o dobro da velocidade, e se estiver três vezes mais distante, então se afastará com o triplo da velocidade*. Em qualquer ponto do universo sempre nos sentiremos no centro desta expansão, embora não haja um centro. Entende? Sei que é bem difícil ilustrar a resposta para esta questão sem a ajuda de imagens e esquemas gráficos metafóricos, e que estão além dos propósitos deste trabalho.

$H = v/d$

Elegante e simples, onde 'v' é a velocidade radial para fora da galáxia, 'd' é a distância da galáxia à Terra, sendo o 'H' o valor 'atualizado' da 'constante' – *inconstante* - de Hubble.

O valor atual, segundo o Observatório Espacial Planck para a Constante de Hubble' é de 67,80 ± 0,77 (km/s)/Mpc.

Portanto, a História do Universo começaria em LUZ. Isso foi há cerca de 14 bilhões de anos, e para ser mais exato, segundo o modelo de concordância Lambda-CDM, este fenômeno ocorreu há.

13,798 ± 0,037 bilhões de anos

A incrível precisão de 0,037 bilhões de anos, ou 37 milhões de anos, foi obtida pelo cruzamento de dados produzidos pela *Sonda Espacial Planck* e pelo *Wilkinson Microwave Anisotropy Probe (WMAP)* – além de outras sondas. Trabalhando sobre as medições da radiação cósmica de fundo remanescentes do berçário do Universo, podemos inferir o tempo de resfriamento desde o Big Bang. As medições das taxas de expansão do Universo em suas diferentes fases e eras, quando extrapoladas no tempo e no passado, também podem ser utilizadas para calcular a sua idade aproximada. E assim foi.

Segundo Charles Lineweaver e Tamara M. Davis (*'Misconceptions about the Big Bang' - Scientific American*; 2005), as atuais considerações astronômicas indicam que o Universo tem 'hoje' um diâmetro 'observável' de aproximadamente:

93 bilhões de anos-luz ou 8,80 ×10²⁶ metros..

[@]

46,5 bilhões de anos-luz de distância para cada lado, com uma incerteza de [?]. Por que não 13,7 bilhões de anos-luz para cada lada se a Teoria da Relatividade Geral estabelecida por Einstein limita o universo à velocidade da luz? [?] Onde *'Hum Ano-Luz'* é uma medida de comprimento (símbolo: *ly*, do inglês *light-year*), com valor aproximado de *10 trilhões de quilômetros (10¹⁶ metros)*. Conforme definido pela *União Astronômica Internacional* (UAI):

Hum ano-luz é a distância que a luz atravessa no vácuo em um Ano Juliano.

$1\ ano\ luz = 9{,}4605284 \times 10^{15}\ metros$

A Voyager viajou de 1977 a 2007, cerca de 30 anos, a 45.000km/h, para atingir os limites do Sistema Solar. A luz do Sol nos atinge em aproximadamente 8 minutos, enquanto leva quase 8 horas para chegar aos confins do Sistema Solar. A luz leva cerca de 100 mil anos apenas para cruzar nossa galáxia, a Via Láctea.

A precisão destas observações será continuamente incrementada, sendo esta uma das maravilhas e a maior fortaleza da Ciência - e sua Metodologia; pois o trabalho de corrigir os erros e endereçar a verdade não cessará jamais. Notem que este é, antes de tudo, um compromisso ético, uma prova de honestidade sem limites, conferindo apoio dinâmico e criterioso, em uma interminável cadeia, para a melhoria de nossas condições, expectativa de vida, e clareza; diminuindo as injustiças, evitando mortes ao nascer, e contribuindo até mesmo em nosso continuo processo de pacificação. A verdade liberta e pode nos unir.

Antes de publicar este livro, esta e outras medições estarão revisadas, e com passos cada vez mais diminutos, até o entorno conceitual da 'VERDADE'. Certas imprecisões serão tão desprezíveis em face do propósito de suas observações, que poderemos invocar uma compreensão 'última'. Sempre lembrando que o Universo continua em expansão.

De acordo com a *Teoria da Relatividade Geral*, o espaço pode expandir-se tão rápido quanto a velocidade da luz, embora possamos ver somente uma pequena fração do universo devido às limitações paradoxais impostas pela própria velocidade da luz. Podemos afirmar que o Universo é finito, mas nada podemos afirmar sobre a dimensão do *'espaço' além de nosso Universo*.

7. $E=mc^2$

"*Uma marca infalível do amor à verdade é não considerar nenhuma proposição com uma convicção maior do que a autorizada pelas provas em que se fundamenta.*"
John Locke
(1690)

"*O caminho para a sabedoria? Bem, é simples explicar: erre, erre e erre de novo, mas cada vez menos, menos e menos.*"
Piet Hein

'*Era uma noite chuvosa e sombria*' de 1916. A Primeira Guerra Mundial entrava em sua fase final, enquanto Einstein dava os últimos retoques na Teoria Geral da Relatividade. Uma teoria revolucionária não apenas por descrever objetos que se movem no espaço, mas concebendo um espaço dinâmico que se molda, comprime e expande. Uma Teoria espetacular e chocante para o seu tempo, e que permanece chocante até os nossos dias, contrariando a nossa experiência imediata ao alegar que o '*espaço-tempo se curva diante da matéria*'. Esta teoria confrontava-se, sobretudo, com a crença generalizada de que o universo era eterno e de muitas formas estático. Essa era inclusive uma crença *científica*, e *acreditávamos que o universo sempre esteve e sempre estaria aqui - para sempre.*

Einstein lidava com o mesmo problema de Newton, e de muitos outros antes deles, quer tenham estado ou não na pista certa. A gravidade '*atrai*', junta, gruda, e não há repulsa. *Como equilibrar um universo assim em escalas de tempo infinitas?* Mas a *Relatividade tinha uma elegância indefectível.* Do lado esquerdo da equação, Einstein tratava da questão da curvatura, enquanto do lado direito da questão da equivalência - o *momentum de energia.* Todas as coisas, dizia ele, serão curvadas na presença da fonte da curvatura, ou seja, na presença da matéria, que neste caso é o *momentum de energia do Universo.* Mas a primeira versão desta equação simplesmente não funcionou, porque se fazia necessário um equilíbrio de repulsa no espaço '*vazio*'. Então Einstein incorporou no lado esquerdo da equação, que trata da curvatura, a '*incômoda*' *constante cosmológica.* Esta constante era tão sutil, que não afetaria também a elegância e praticidade das leis de Newton. Então agora, além da Física Newtoniana, que tão bem descrevia o movimento dos planetas em torno do Sol, poderíamos ir mais longe com Einstein, descrevendo o movimento do próprio Sol, e das Galáxias.

A constante cosmológica '*salvou*' a teoria, mas ficou bem claro que *haviam problemas.* Em um cartão postal escrito por Einstein ao Matemático e Físico

Hermann Weyl , enquanto o primeiro deixava Zurique na Suiça em 1923, ele disse:

"Se você se livra de um Universo quase estático deve livrar-se da constante cosmológica." –
Albert Einstein

Einstein percebe que, se o Universo está se expandindo - *como somente agora sabemos que realmente está* – e acelerando, você não precisa de uma constante cosmológica. A gravidade está livre para desempenhar o seu papel atrativo. *Então será necessário frear a expansão!* E a grande questão colocada pela Cosmologia no século XX passou a ser: Existe gravidade suficiente para parar a expansão? Por que se expande? Como terminará o Universo, e como começou, e sujeito a que forças? Terminará com um estrondo ou um soluço? Terminará com a reversão do *Big Bang* - ou *Big Crunch*? Ou seguirá se expandindo para sempre? Sendo estas também as razões pelas quais físicos de partículas se envolvem com a Cosmologia – afinal todos querem saber em primeira mão: *como terminará o Universo (?).*

Einstein permaneceu inquieto, até que em 1929 realmente soubemos que o Universo estava em expansão, e isso graças a Edwin Hubble.

"Este cara [Hubble] sempre me levou ter confiança na humanidade" – Lawrence Krauss

O deslocamento dos objetos astronômicos, tais como aglomerados galácticos e galáxias, devido a essa expansão, é conhecido como *'Fluxo de Hubble'*. A Lei de Hubble é considerada o esteio para o entendimento deste fenômeno; embora seja atribuída ao astrônomo americano Edwin Hubble, tal lei foi derivada das equações da Relatividade Geral, e primeiramente, pelo padre católico, astrônomo, e físico belga, Georges Lemaître (1894-1966). Lemaître, em um artigo de 1927, propôs a expansão do universo e sugeriu um valor estimado para esta taxa de expansão, agora conhecida como *'Constante de Hubble'*.

Lemaître trabalhou independentemente de Alexander Friedmann (1888-1925) - matemático e cosmólogo russo -, outro pai da teoria de expansão do universo e do Big Bang; e também se baseou nos estudos do astrônomo americano Vesto Slipher (1875-1969), sobre a velocidade de recessão dos objetos cósmicos, inferida a partir da observação dos desvios da luz para o vermelho. Lemaître foi, portanto, o primeiro a formular a lei de proporcionalidade entre a distância e a velocidade de afastamento das galáxias. Esta lei figurava em seu artigo de 1927, redigido em francês, e não foi traduzida em sua versão inglesa - realizada pelo astrofísico britânico Arthur Eddington (1882-1944); dois anos mais tarde, tal lei seria 'redescoberta', desta vez empiricamente, por Hubble, que confirmou a expansão do universo, e determinou um valor mais preciso para a constante que hoje leva seu nome.

Lemaître também plantaria a semente que nos levaria à Teoria do Big Bang; mais tarde desenvolvida pelo físico e divulgador científico George Gamow (1904-1968). O termo propriamente dito, 'big bang', foi um tiro pela culatra, disparado de forma sarcástica por Fred Hoyle (1915-2001) - ferrenho defensor da teoria do universo estacionário, e opositor da teoria que previa a expansão do universo – durante uma transmissão de rádio no final dos anos 40.

Hubble começou a sua vida como um advogado, e terminou como astrônomo. Entre tantas descobertas notáveis, Hubble nos mostrou que o Universo estava em expansão. Hubble descobriu, olhando de nossa perspectiva, que as demais galáxias, na média, estavam se afastando da nossa, e havia uma relação linear; logo aquelas que estavam duas vezes mais distantes se moviam duas vezes mais rápido, as que estavam três vezes mais distantes se moviam três vezes mais rápido, e assim sucessivamente, mostrando que a velocidade nestas escalas ainda era proporcional à distância.

O que isso nos diz? 'Que somos o centro do universo?' Não, Hubble nos diz que o universo está se expandindo de forma uniforme e em todas as direções. Entre outras implicações, uma encíclica papal afirmava à época, que "a Ciência havia provado o Gênesis". Vale lembrar que o belga George Lamaître, além de físico era um padre católico. E a estória dentro da História fica ainda mais interessante, porque Lamaître escreveu ao papa dizendo "pare de dizer isso", não relacione as descobertas atuais ao Gênesis, por que o buraco é bem mais embaixo, e o tiro pode sair pela culatra – como de fato saiu.

> "Isso é uma teoria científica [diria Lamaître ao papa]."

Podemos construir castelos de opiniões, e divulgá-las todas na ciranda da república das opiniões, em bares, cafés e coquetéis. Mas não podemos nos apropriar dos fatos, e transmutá-los em opiniões. Embora este seja o negócio da religião. Você pode até mudar de opinião, mas não deveria mudar os fatos em favor de suas opiniões. Não seria nem lícito!

A Física nos levava a um início de tudo; e a expansão, observada de qualquer ponto do universo revelaria sempre uma perspectiva de centro. Mas tudo isso também poderia nos conduzir a um Universo sem deuses, e sem centro. A segunda conclusão reflete o pensamento de Lamaître pensava, e foi o que de fato descobrimos. A primeira desagradaria ainda mais o papa, mas não é objeto deste livro.

Então, o sábio belga está avisando o papa de que ele poderia estar dando notoriedade, de forma precipitada, a uma descoberta que poderia 'deixar a descoberto' o negócio da fé. O sumo pontífice estava atirando no próprio pé. Faltaria explicar muito mais absurdos contidos no Gênesis antes de pegar carona em uma Teoria Científica. O Gênesis é uma dentre outras peças da Bíblia, que pela quantidade de absurdos bem mereceria ser esquecida.

E a História segue, e regressamos à Ciência. E neste ponto regressamos à importante questão: *'como realmente sabemos que o Universo está em expansão?'*

"Dois vaqueiros estão sentados em seus cavalos enquanto um diz ao outro, quando um trem se aproxima no horizonte: 'adoro o lamento solitário do apito do trem enquanto a magnitude da frequência de onda muda em função do efeito Doppler." – Lawrence Krauss

O que eles querem dizer é que quando o trem está vindo o apito fica mais agudo, e quando o trem está se afastando o apito de torna mais grave. Este princípio simples, também foi usado por Hubble, já que a luz tem um comportamento similar, mas por razões diferentes. Quando olhamos para o espaço, as galáxias que estão se afastando de nós, sua luz que se distancia parece ser esticada, em um comprimento de onda mais longo até a extremidade final do espectro do vermelho. E quanto mais as galáxias desviam a luz para o vermelho, mais sabemos que estão se afastando de nós e como maior velocidade. A velocidade, neste caso, é mais fácil de calcular do que as distâncias. Mas o Universo é um lugar vasto, e precisamos encontrar uma forma de medi-lo sem ir até as suas extremidades - ou até onde estão as galáxias que se afastam de nós.

"Nós podemos determinar a distância até o fundo desta sala se apagarmos todas as luzes, deixando apenas uma luz acesa; se eu soubesse que era uma lâmpada de 100Watts, e tendo uma daquelas máquinas antigas que ninguém mais tem hoje, com um fotômetro embutido. Se eu tivesse 100Watts lá, e medisse 1Watt aqui, sabendo que a luz se espalha com o quadrado da distância, então eu poderia determinar, com base em minha recepção, a que distância o fundo da sala está. O problema é que o Universo não está cheio de lâmpadas de 100Watts." – Lawrence Krauss

Precisamos encontrar as chamadas *'velas guia'*, ou *'velas padrão'*, como guias na escuridão. Alguma fonte luminosa, cujo brilho intrínseco, possa ser entendido. Desta forma, através da observação telescópica, sabemos, pela luz observada, a que distância este objeto está. Mas não é tão simples quanto parece, sendo esta a parte mais difícil do trabalho de observação cosmológica. E é exatamente por isso que tem sido difícil precisar o ritmo de expansão do Universo. É difícil encontrar as *'velas guias'*.

E, em 1929, Hubble encontrou um caminho, e percebeu que a velocidade era proporcional à distância, mas se enganou na taxa de expansão - o que foi muito embaraçoso na época -, calculando a idade do Universo em cerca de 1,5 bilhões de anos. *Embaraçoso, já que a Terra seria mais antiga do que o Universo [sic]*. E muitas situações embaraçosas se passam no ambiente científico, precisamente porque estamos lidando com o *'desconhecido'*; i.e., o que *'ainda'* *não foi entendido, 'o que está para ser conhecido'*. Isso faz parte do processo científico. Mas são estas imprecisões que nos levam, em uma espécie de honestidade sem limites e paixão pela verdade, a aprimorar continuamente os nossos processos e critérios, redobrando a cautela nas investigações, ao anunciar novas descobertas ou rompimentos de paradigmas.

Mas particularmente na Cosmologia, as dificuldades estavam calcadas em encontrar as *'velas guias'*, e curiosamente isso veio à acontecer mais tarde, e entre outras iniciativas por meio do por meio do Telescópio Espacial que também leva o nome de 'Hubble'. Uma justa homenagem à um grande herói da História da Humanidade.

E foi através do 'Hubble' que pudemos complementar o trabalho de Hubble.

Hoje podemos nos fascinar – por exemplo - com a foto de uma galáxia em alta definição, cuja luz foi originada em um passado *muito muito* distante, a um bilhão de anos-luz de distância. Estaremos olhando para esta galáxia como ela era há um bilhão de anos atrás, e certamente muitas das estrelas que brilham nesta foto já não existirão – *factum est* -, enquanto novas estrelas devem povoar a nova paisagem. Poeticamente, quando olhamos as estrelas no céu, em uma linda noite, estamos contemplando o passado. Sempre.

Em um destas belíssimas fotos podemos - por exemplo –contemplar ao largo da galáxia, na parte externa, um objeto que parece brilhar tanto quanto o centro desta galáxia, e que talvez represente uma estrela mais próxima, em nossa própria galáxia, e vista em primeiro plano. Mas que na verdade pode se tratar de uma supernova - o espetáculo pirotécnico mais impressionante do Universo -, uma estrela que brilha como bilhões de estrelas. Esta seria então uma estrela que colapsou e explodiu na periferia da galáxia em foco.

Darwin, Dawkins e Sagan escreveram sobre nossos ancestrais, Feynman e Krauss escreveram sobre outro ancestral ainda mais antigo: *o átomo*. E o que existe de mais poético em tudo isso, é que cada átomo de nossos corpos, e dos corpos dos ancestrais de nossos ancestrais, e de toda a vida na Terra, além de toda a possibilidade de vida latente no Universo, veio diretamente das estrelas.

Como disse o *'Jovem Touro'*, líder do dos *Pawnees Pitahawirata*, das grandes planícies norte-americanas:

"*O nosso povo foi feito pelas estrelas.*"

Na verdade devo esclarecer ao *Jovem Touro* que *'todos os átomos do universo vieram de estrelas'*, de forma que toda a vida veio das estrelas e a elas tornará. E os átomos de sua mão esquerda provavelmente vieram de uma estrela diferente do que os átomos de sua mão direita.

"Somos todos poeira de estrelas" – Krauss

E não poderíamos estar aqui se as estrelas colossais não houvessem ardido, colapsado e explodido. Todos os elementos, o Hidrogênio, o Carbono, o Oxigênio, o Nitrogênio, o Ferro, todos os elementos fundamentais para a Vida e para a Evolução, foram disponibilizados no início dos tempos. E foram sintetizados pela fusão nas fornalhas nucleares das estrelas, *e não poderiam nos pertencer e formar a vida se tais estrelas não houvessem 'morrido' para que 'vivêssemos'*. Esta é a verdadeira poesia do Universo, *esta é a poesia da realidade.*

"Então esqueçam Jesus, as estrelas morreram para que estivéssemos aqui hoje!" – Krauss.

Mas existe um outro motivo para celebrarmos o colapso das estrelas, afinal essas seriam as nossas 'velas guia' para a compreensão do Universo. Hoje, com um telescópio terrestre moderno, quando olhamos para o céu, identificamos facilmente 100.000 galáxias à nossa disposição. *E mesmo que uma estrela exploda a cada cem anos em uma galáxia, ainda assim seremos brindados com um espetáculo de 10 estrelas explodindo por noite. Não é maravilhoso?*

"O Universo é imenso e velho, e coisas raras [e maravilhosas] ocorrem todo o tempo. Incluído a vida." – Krauss

Então podemos observar diariamente este espetáculo estelar, dezenas de vezes, *e encontrar as nossas estrelas guia, as nossas velas e luzes na escuridão.* E podemos medir o brilho e o espectro luminoso destas estrelas, aprofundando o conhecimento sobre o Universo. E 75 anos depois, com todo o acervo de *'velas guia'* disponíveis, podemos medir com exatidão a expansão do Universo, *e revisar os cálculos de Hubble, com os dados enviados pelo 'Hubble'. Isso é um pouco de imortalidade, ou de 'vida além da vida'.*

O 'Hubble', *post mortem*, continua aprimorando o trabalho do Hubble que já não vive. E os seus feitos heroicos ofuscaram os riscos que ele tomou e os fracassos que amargou – para o deleite de alguns covardes. O desejo ardente daqueles que *'tudo sabem sem nada saber'*; aqueles que *'rezaram'* para que Hubble e *'Hubble'* não roubassem ou maculassem seus sonhos vãos – mesmo que premiados pela verdade. E não perceberam o enorme legado deixado, e a possibilidade de finalmente *'apaixonarem-se'* pela REALIDADE, vivenciando sonhos em vida. Muito mais belo e maravilhoso, porquanto REAL, do que os *'deuses'* – todos eles - jamais sonharam.

Mas a Ciência incorpora o erro, e estamos sempre dispostos e felizes por diminuí-lo, enquanto afeitos e erguidos sobre os ombros de gigantes, que por sua vez se apoiam em outros gigantes, tratamos de endereçar, com humana dignidade, a VERDADE. Agora sabemos que o ritmo de expansão do Universo é de 10%; e não *'um fator de 10'* como Hubble originalmente previu. *'Hubble' corrigiu Hubble. O princípio estava correto, a precisão um pouco baixa. Lucifero*, para só então também ser *fructifero*.

A verdade estava endereçada, só foi necessário aprimorar a sua descrição. E hoje conhecemos a idade do Universo de forma bastante precisa em até 04 casas decimais; e é de 13,73 bilhões de anos. A idade do universo é o tempo entre o Big Bang até o presente momento. As observações atuais sugerem um valor de aproximadamente 13,73 bilhões de anos, com uma incerteza de aproximadamente ± 120 milhões de anos. Esta é a conclusão mais recente publicada por astrônomos que trabalharam com os últimos dados da sonda WMAP; o que considera: (1) a idade dos elementos químicos, (2) a idade dos aglomerados estelares antigos e (3) a idade das anãs brancas mais antigas.

Hoje podemos finalizar o trabalho de Hubble, e dizer de cabeça erguida que mais esta façanha científica foi levada à cabo com êxito inquestionável. Mas não tão rápido: *como conseguimos medir a idade do Big Bang apenas observando a radiação cósmica de micro-ondas de fundo?*

A radiação de micro-ondas cósmica parece vir uniformemente de todas as direções (é claro que existem vários tipos de fontes que emitem micro-ondas, dentre elas existem a poeira cósmica aquecida, as estrelas, as galáxias e até mesmo elétrons livres espiralando nas linhas dos campos magnéticos – mas estes possuem características distintas, assim podendo ser retiradas da equação). Essas micro-ondas foram originadas nos elétrons que encheram o Universo há muito tempo, bem antes de terem se combinado com os prótons livres para formar os átomos neutros de hidrogênio. Naquela ocasião a matéria comum do Universo é composta apenas de gás (plasma, na verdade), com uma temperatura praticamente igual em todos os lugares havendo equilíbrio térmico , e emitia a radiação de um corpo negro. Assim que o plasma tornou-se um gás neutro, a radiação térmica ficou livre para fluir pelo cosmo, isso ocorreu quando o Universo tinha cerca de 380.000 anos de idade e uma pequena parte desta radiação pode ser observada hoje em dia, através de instrumentos diferentes e sensíveis tais como a sonda Wilkinson Microwave Anisotropy Project (WMAP) e a sonda criogênica PLANCK, quando a nave espacial atingiu seu destino no ponto de Lagrange (L2). Nós conseguimos detectar essa radiação na faixa do espectro das microondas por causa do Efeito Doppler, desviando a freqüência para o vermelho, causado pela expansão do Universo16 . A radiação cósmica de microondas de fundo (CMB - Cosmic Micro Wave Background Radiation) é a mais perfeita radiação de corpo negro conhecida, mas não se trata de um corpo negro perfeito. A CMB tem um pólo quente e um mais frio, devido ao movimento de nosso sistema solar mais a galáxia. Ela também apresenta flutuações da ordem de 1 até 10 µK (micro-Kelvin), o que parece ruído aleatório para nós (ruído branco). Mas a CMB não é aleatória, ao contrario, ela nos mostra os processos físicos primordiais, a maior parte do tempo onde os fótons tornaram-se livres para fluir (alguns são devido aos efeitos da massa e energia ao longo do caminho entre o plasma primordial e nós). Por exemplo: o som, com em qualquer gás o som pode viajar através do plasma universal e os fótons da CMB podem reter informações sobre os últimos sons daquela época. Pela análise criteriosa das flutuações da CMB, a densidade da matéria junto com a energia escura dos primórdios do Universo, pode ser enfim calculada, assim como a composição da matéria primordial (matéria comum, neutrinos e matéria escura). Colocando-se estas estimativas nas equações da Teoria da Relatividade Geral temos os resultados da dimensão da velocidade de expansão do Universo. Compare então tais resultados com a Constante de Hubble que foi recentemente recalculada, e que mede como o Universo se expande, assim temos a noção da idade do Big Bang. (Fontes: SAO/NASA ADS Astronomy Abstract Service; Hubblesite: Refined Hubble Constant Narrows Possible Explanations for Dark Energy por Ray Villard – Space Telescope Science Institute, Baltimore, Md. & Adam Riess – Space Telescope Science Institute/Johns Hopkins University, Baltimore, Md.; Astronomy.com: Refined Hubble constant narrows possible explanations for dark energy; Universe Today: Astronomers Closing in on Dark Energy with Refined Hubble Constant por Nancy Atkinson, Expanding Universe, Solar System, Galaxies por Fraser Cain)

ESTE É MAIS UM FEITO HUMANO, CONTRARIANDO OS ESCRITOS DOS 'DEUSES'...

8.   *UnVorsum*

"[Referindo-se ao movimento da Terra]
Eppur si muove! / Contudo, ela se move!"
Galileu Galilei
ao final de seu julgamento pelo 'Santo Ofício'

"Nós somos como anões montados nos ombros de gigantes, pois podemos ver mais
coisas, e mais longe do que eles; não devido à acuidade da nossa própria visão, ou pela
estatura de nosso corpo, mas porque somos erguidos ao alto e alçados pela grandeza de
gigantes."
Bernardo de Chartres
(Referido por John of Salisbury;
'*Metalogicon III*'; 1159)

Decidi vasculhar pela Internet em busca de acontecimentos marcantes relacionados à Cosmologia no ano de 1965. Descobri que: Feynman ganhou o Nobel de Física; a sonda espacial *Ranger VIII* se chocou com a Lua - após uma missão bem sucedida fotografando o terreno para detectar possíveis locais de pouso para os astronautas do programa Apollo; o cosmonauta russo Alexey Leonov, a bordo da nave espacial *Voskhod II*, seria o primeiro homem a flutuar no espaço, e o seu passeio duraria apenas 12 minutos; a NASA lança a *Gemini III*, uma missão tripulada por Gus Grissom e John Young em na órbita da Terra; A bordo da *Gemini IV*, Edward White seria o primeiro americano e o segundo homem a flutuar no espaço; a Sonda *Mariner IV* da NASA envia as primeiras fotos de Marte. E a série de desenhos animados Tom & Jerry faria sua estreia, bem exemplificando o ambiente da corrida espacial entre americanos e soviéticos – gatos e ratos. Notei ainda que em nenhuma lista de nascimentos ilustres figurava qualquer menção ao nome do autor deste livro. Mas, além do ano em que nasci segundo o calendário Juliano, por que 1965 seria tão importante?

Em 1965, entrevado em um hospital, entre a vida e a morte, Georges-Henri Édouard Lemaître receberia com epifania – guardadas as limitações de seu estado terminal - a notícia de que a sua Teoria do 'Big Bang' e a consequente 'expansão' do universo fora confirmada. O que Lemaître jamais poderia haver sonhado é que tal descoberta seria acidental; o que coube aos físicos americanos Arno Penzias e Robert Woodrow Wilson, do *Bell Telephone Laboratories*. A partir de então, a primazia de Lemaître estaria elevada à condição de teoria padrão pela comunidade científica internacional. Ele pôde degustar por um átimo, considerada a magnitude de seu feito, deste merecido reconhecimento de sua genialidade.

Penzias e Wilson tropeçaram na Radiação de Fundo do Universo em Micro-Ondas [CMB ou CMBR] em 65, enquanto trabalhavam em New Jersey; eles não tinham a menor ideia do que estavam testemunhando: *a sinfonia do Universo nascente em todo o seu esplendor - o grito primal do Universo*.

Os físicos haviam construído um radiômetro tipo *'Dicke'* que pretendiam utilizar para experiências em radioastronomia e comunicação via satélite; mas o instrumento captava um ruído térmico excessivo – e constante - de *'3,5 K'*, que eles não podiam explicar. Após diversos testes, Penzias, finalmente, se deu conta de que aquele ruído nada mais era do que a radiação prevista pelo físico ucraniano-americano George Gamow (1904-1968), pelos físicos americanos Ralph Alpher (1921-2007), Robert Herman (1914–1997) e Robert Dicke (1916–1997) – *o cara do 'radiômetro'*.

Penzias suspeitou que a radiação que detectavam estivesse de alguma forma relacionada com as previsões teóricas deste seleto grupo, e ele estava certo. Então, ligou para Dicke com o objetivo de discutir a questão. Após colocar o telefone gancho Dicke teria dito a famosa frase:

"Gente, nos passaram para trás [Boys, we've been scooped]."

Tal radiação – ou calor - se caracteriza por apresentar um espectro térmico de corpo negro com intensidade máxima na faixa de micro-ondas. A CMBR é, ao lado do afastamento das galáxias e da abundância de elementos leves, uma das mais fortes evidências observacionais do modelo do Big Bang e da evolução do universo. Uma reunião entre as equipes de Princeton e Holmdel determinou que o ruído da antena provinha da CMBR. Penzias e Wilson receberam o Prêmio Nobel de Física de 1978 pela descoberta, talvez por estarem no lugar certo e na hora certa. E se a sorte pode ser caracterizada pelo feliz encontro entre a 'preparação' com a 'oportunidade', eles certamente estavam bem preparados.

A CMBR foi um assunto controverso nos anos 1960, com alguns defensores da teoria do estado estacionário do Universo, argumentando que a radiação de fundo era o resultado da difusão de luz estelar de outras galáxias. Hoje o fenômeno está comprovado por diferentes grupos e estudos, e foi corretamente medido pelo *'Differential Microwave Radiometer'* ['Radiômetro Diferencial de Micro-Ondas'] instalado na sonda espacial COBE.

Todos nós já *'vimos'* esta radiação, e mais precisamente no mega-superticioso filme de nome portentoso e enigmático: *'Poltergeist'*. *Todos* ou pelo menos aqueles que velhos o bastante para haverem presenciado um mundo sem TV a Cabo e com televisores baseados em tubos de raios catódicos. Quando as transmissões de televisão terminavam na madrugada, ou quando selecionávamos um canal sem transmissão, nos confrontávamos com um jorro *'estático'*, um chuvisco, que passaria a ser assustador após *'Poltergeist'* – quando mentalmente escutávamos uma voz que dizia *"come to the light / venha para a luz"*.

Um por cento deste fenômeno estático na tela das antigas televisões é pura radiação de fundo decorrente do Big Bang – como um eco do *'choro'* inicial do Universo. Mas ninguém sabia disso até 1965; de forma que pude nascer em um Universo em movimento, com uma origem determinada, que amadurecia enquanto tratávamos de calcular a sua idade. Mas permaneci durante décadas sem saber nada disso, enquanto aprendia a recitar com sincero fervor o "Pai Nosso", a "Ave Maria" e o "Creio".

'Renasci' para a LUCIDEZ alguns anos mais tarde quando ingressei na Universidade, e aqui estou 'acordado', e 'acocorado' aos ombros de gigantes; um anão assomado sobre homens notáveis, gigantes do conhecimento. E rendo *'graças'* à Ciência', que tornou o mundo melhor e cheio de luz! Isso, enquanto lamento não poder fazer tanto quanto gostaria pelas 'massas' inertes, submissas, e de mente 'opaca'. Mas este livro pretende contribuir em alterar este quadro de escuridão.

A física americana Linda Randall ('Batendo à Porta do Céu'; 2013), conta em seu livro que quando estava na escola, ficou pasma ao ler a notícia de que o Universo havia envelhecido "por um fator de dois". O que mais chocou Linda foi o fato de que o Universo não ser estático, imóvel, e que pudesse variar tão abruptamente. Mas muitos não sabem que hoje podemos medir o Universo, idade, diâmetro, peso, com uma precisão de várias casas decimais, enquanto ele continua variando. Hoje dispomos de um retrato preciso do Universo; ou, melhor dizendo, dispomos de um filme preciso em alta definição.

Segundo o *'Dicionário Oxford'* (p.3518; 1971) a palavra **'Universo'** deriva do francês antigo *'Univers'*, que por sua vez deriva do latim *universum*. Segundo o *'Latin Dictionary'* de Oxford (Lewis and Short; p. 1933, 1977–1978), o termo em latim, foi amplamente utilizado pelo eminente filósofo e político romano Cícero (106-43 AEC), e posteriormente por outros autores, mas com o mesmo sentido do atual. A palavra latina, no entanto, é derivada da contração poética *'Unvorsum'* - i.e. *'un'*, *'uni'* *(forma combinada de 'unus' ou 'one')* com *'vorsum'*, ou *'versum'* *(um substantivo derivado do particípio passivo perfeito de 'vertere', que significa 'algo que muda' ou 'gira', 'rola', 'roda')* -, utilizada pela primeira vez por *Lucretius* no *'Livro IV'* (linha 262) de sua magistral obra *'De Rerum* Natura' *['Sobre a Natureza das coisas']*. Lucretius, então, cunhou a *'palavra-conceito'* *unvorsum* com o sentido de:

"[...] tudo em um só, tudo combinado em um."

Uma interpretação alternativa de *'Unvorsum'* seria *'tudo girando como um'* ou 'tudo girando através de um'. Nesse sentido a *palavra-conceito* UNIVERSO poderia ter sido ainda originada a partir da tradução de uma palavra do grego antigo, utilizada para designar *"algo que é transportado em um círculo"*, originalmente utilizada para descrever o percurso de um servente carregando refeições em torno de um arranjo de mesas. Esta origem etimológica seria utilizada por Aristóteles para designar o seu antigo modelo de descrição do Universo, onde toda a matéria estaria contida dentro de *"esferas giratórias"*, e tendo a Terra, ou algo que o valha, firmemente *"fixada em seu centro"*. Também *de acordo com Aristóteles, a rotação da esfera "ultraperiférica" era responsável pelo movimento e mudança de "tudo" – seja lá o que isso signifique, dignifique ou abarque.* Aristóteles precisava também de 55 deuses trabalhando 24 horas e ininterruptamente para que este carrossel funcionasse. Aristóteles, como vimos, resgatou e *mecanizava a tradição pré-jônica* da crença em um universo criado e ordenado por deuses.

Era natural para os gregos assumir que a Terra era estacionária e que os céus giravam sobre a ela e fiscalizados por deuses. Cuidadosas medidas astronômicas e físicas (como o Pêndulo de Foucault) ainda precisariam ser inventadas para provar o contrário. Mas Aristarco de Samos (310-230 AEC), contemporâneo de Aristóteles, estava à frente de seu tempo.

Se Aristarco de fato não pôde provar sua hipótese Heliocêntrica – com o Sol devidamente localizado onde realmente está, i.e., no centro do Sistema Solar -, ele chegou muito perto disso; e a partir de observações e anotações criteriosas, uma aguçada intuição, despido do desespero de crer, e com certa paciência necessária a quem pretende ESPERAR PARA SABER. Suas revolucionárias ideias e observações seriam retomadas mais tarde por homens como Copérnico, Brahe, Kepler e Galileu, para revolucionar a Vida.

Historicamente, o primeiro a propor que a Terra possui movimento de rotação e de translação foi Aristarco de Samos, que - por este 'absurdo' - foi acusado de impiedade. Aristarco também propôs o Sistema Heliocêntrico, ou seja, que a Terra gira em torno do Sol – e não o contrário. 300 anos antes do cristianismo, um homem já havia entendido a VERDADE. Foi acusado, e cassado. E a Humanidade precisou esperar quase dois mil anos para finalmente entender a realidade.

Existem registros, no entanto, de que já nos Vedas, algumas passagens que já sugeriam que a Terra girava em torno do Sol. Os Vedas são quatro textos – ou livros - escritos em sânscrito por volta de 1500 a.C.; que formam a base do extenso sistema de escrituras sagradas do hinduísmo, e representam a mais antiga literatura em língua indo-européia. A palavra Veda, em sânscrito, da significa 'conhecimento'. São estes – em ordem de escrita - os quatro Vedas: Rigveda, Yajurveda, Samaveda, Atarvaveda. O belíssimo texto astronômico de Yajnavalkya - Shatapatha Brahmana (8.7.3.10) - declara elegantemente que:

"O sol prende estes mundos - a terra, os planetas, a atmosfera - a si mesmo em uma linha"

Yajnavalkya reconhecia que o Sol era muito maior que a Terra, o que pode ter influenciado seu conceito heliocêntrico. Ele mediu de forma precisa as distâncias da Terra ao Sol, e da Terra à Lua como 108 vezes o diâmetro destes corpos celestiais, um valor bastante próximo dos valores modernos de 107,6 para o Sol e 110,6 para a Lua.

Mas foi preciso esperar por Nicolau Copérnico, Tycho Brahe, Johannes Kepler e Galileu Galilei – nesta ordem – para que o modelo Ptolomaico-Aristotélico do Sistema Solar, tendo o Sol girando em torno na Terra, fosse finalmente abolido. E para que pudéssemos, finalmente, exilar os deuses. Mas isso não seria conseguido sem, antes, derramar o sangue e atormentar a vida de muitos; como no assassinato de Giordano Bruno e na condenação de Galileu.

Não pretendo aqui, reabrir estes casos 'criminosos', mas preciso pontuar, por justiça e para honrar a vida de Bruno, que este foi morto porque se atreveu a dizer que – além da Terra girar em torno do Sol - o Sol não era o centro do universo, mas uma das inumeráveis estrelas. O status do Sol como apenas uma estrela entre muitas, rendeu uma condenação a Bruno por heresia, sendo, portanto conduzido à fogueira, e sendo queimado vivo por dizer a VERDADE. Mas Bruno havia experimentado uma sensação ímpar, de realização, de brilhantismo, e com a cabeça erguida enfrentou a morte: 'temem mais a minha morte os que me conduzem a ela, do que eu a temo'.

Durante uma palestra na Universidade de Auckland em 1979, Feynman teria sido interpelando enquanto explicava uma de suas teorias, desabafando que:

"Se vocês não gostarem dela vão para outro lugar – talvez para algum outro universo onde as regras sejam mais simples [...]. Vou lhes mostrar o ponto de vista dos humanos que deram tudo de si para entender isso. Se não gostarem sinto muito."

Amplio a advertência de Feynman para a vida:

"É tão tolo queixar-se de que as pessoas são egoístas e traiçoeiras quanto se queixar de que o campo magnético não aumenta a não ser que o campo elétrico tenha uma espiral." – John von Neumann (citado em William Poundstone; 1992)

Mas vamos parando por aqui, afinal este é uma assunto para outros livros, mas sobre o qual lançarei alguma luz nas paginas que se seguem, detendo-me um pouco mais sobre o comportamento humano no Epílogo.

Quando lemos qualquer artigo sobre *os céus*, não costumamos dar atenção à qualificação do autor, se astrônomo, astrofísico ou cosmólogo; sim, existem três tipos distintos de cientistas e físicos dedicados ao estudo do *cosmos*, e três campos distintos de conhecimento - embora *interpermeados*. Uma quarta especialidade deveria ser unida ao séquito, já que a Física de Partículas está indistintamente infiltrada nas áreas supracitadas. Mas nem sempre a relação de domínio para as respectivas áreas além das intersecções e sobreposições estarão claras; de forma que, segue aqui um breve descritivo.

Comecemos pelo começo, pelo estudo da origem e evolução do Universo: a *Cosmologia*. Segundo o Houaiss, a *Cosmologia* compreende o *"ramo da astronomia que estuda a estrutura e a evolução do universo em seu todo, preocupando-se tanto com a origem quanto com a evolução dele"*. Esclarece ainda que a etimologia do termo conjura as palavras gregas *'kósmos'* [lei, ordem, mundo, universo, tudo que existe] e *'logía'* [tratado, estudo, conhecimento, ciência, discurso]. Portanto, podemos dizer que a *Cosmologia* estuda a origem, a estrutura e a evolução do universo - seu passado, presente e futuro. A *Cosmologia* - tema central deste livro - está debruçada sobre a *História do Universo*, que, por sua vez, se confunde com a *História do Tempo*.

A *Astronomia* está mais voltada ao estudo particular dos corpos celestes; investigando cada *cluster* ou aglomerado galáctico, cada galáxia em suas particularidades estruturais, cada planeta, planetoide, cometa, meteorito, e os fenômenos envolvidos em suas *'vidas'* - e, sobretudo, a dinâmica de suas interações. A *Astronomia* se ocupa da previsão de eventos espaciais – e nunca mundanos ou neuropsicológicos - a partir das Leis da Gravitação e da Relatividade Geral. Não confundam com a crendice conhecida por *'astrologia'* - *que será refutada e desmistificada mais adiante.*

A *Astrofísica*, por sua vez, tem como objeto de estudo os mesmos corpos celestes abarcados pela Astronomia e pela Cosmologia, mas sob outro enfoque. Apoiada em diversas áreas do conhecimento como a *Física Nuclear* e a *Mecânica Quântica*.

Estas três áreas estão em franca interação, e boa parte dos cientistas considera a Astronomia e a Astrofísica como subdivisões da Cosmologia. Talvez o maior exemplo da dificuldade em estabelecer os limites de responsabilidade em cada área advenha da investigação de um dos maiores enigmas da Ciência Moderna – e objeto deste livro: 'A Origem do Universo'. Físicos de todas as Áreas trabalham lado a lado no Grande Colisor de Hádrons - ou LHC -, o famoso colisor de partículas em funcionamento na Europa.

Os experimentos levados à cabo no LHC, confrontam a REALIDADE com teorias advindas de todas as áreas, muito embora o domínio de interesse aí esteja relacionado com a Astrofísica, e mais diretamente com a Teoria ou 'Modelo Padrão' da Física de Partículas, que descreve, a partir da conceituação da Mecânica Quântica, todas as forças fundamentais no cosmos, seus campos, bem como suas partículas fundamentais e radiação.

A Física de Partículas – ou Física de Altas Energias -, por sua vez, pode ser encarada como uma área dentro da Mecânica Quântica, ou até mesmo sua disciplina sinônima; afinal, o Modelo Padrão vigente foi validado experimentalmente nas últimas décadas, tendo sido formulado teoricamente nos anos 70 como uma Teoria Quântica de Campos que fosse simultaneamente consistente com a Mecânica Quântica e a Relatividade Especial.

Gigantes assomados aos ombros de gigantes, que remontam a Demócrito, Galileu, Newton, Laplace. a Charles Augustin de Coulomb, André-Marie Ampère, Carl Friedrich Gauss, Michael Faraday, Ludwig Boltzmann, e o gênio 'poético' de James Clerk Maxwell, ainda no século XIX; e mais especificamente aos visionários da realidade, cientistas que trabalharam na primeira metade do século XX, como Albert Einstein, Werner Heisenberg, Max Planck, Louis de Broglie, Niels Bohr, Erwin Schrödinger, Max Born, John von Neumann, Paul Dirac, Wolfgang Pauli, Ernest Rutherford, Richard Feynman, Ernst Stückelberg, Peter Higgs, entres muitos outros.

A segunda metade do século XX e o despertar do século XXI seriam marcados pela confrontação dos modelos teóricos com a realidade. Dirac vislumbraria de forma 'artística' a existência teórica da antimatéria em 1927, enquanto Feynman seria o primeiro a desenvolver uma compreensão intuitiva sobre a aplicação deste conceito exótico à deslumbrante Relatividade – da qual até Einstein duvidava. Mas, em 1932, Carl Anderson e Victor Franz Hess receberiam o Nobel de Física de 1936, pela descoberta do 'pósitron', a antipartícula do elétron, e o mundo jamais seria o mesmo.

Paul Dirac diria:

"A equação era mais esperta do que eu."

Em 1959, mais de uma década antes da descoberta dos *quarks*, partículas elementares constituintes dos *prótons*, Emilio Segrè e Owen Charberlain receberiam o Nobel de Física pela descoberta dos *'antiprótons'*. Jerome Friedman, Henry Kendall e Tichard Taylor dividiriam os *prótons* em *quarks*, e receberiam o Nobel em 1990 por esta façanha. Cada pequeno mistério desvendado serviria de substrato para que o Modelo Padrão se mostrasse cada vez mais confiável. Com a descoberta do *bóson de Higgs*, o *Campo de Higgs*, uma das últimas fronteiras 'demarcatórias' para consolidação do Modelo Padrão foi transposta. Habitávamos um novo mundo. Peter Higgs e François Englert receberam o Nobel em 2013 por este 'soneto'. A POESIA DA REALIDADE poderia ser recitada. E continuaremos a escrevê-la. sempre!

O Campo de Higgs, e todas as demais descobertas supracitadas, além de um sem-número de omissões, serviriam à edificação do Modelo Padrão, que por sua vez teria impacto direto na Astronomia e na Astrofísica, suportando o entendimento da origem e evolução de nosso universo, além de nosso 'comprovante de residência' cósmico. Hoje podemos responder a *macro-questões* de ordem cosmológica com *micro-questões* de ordem quântica.

O que o trabalho conjunto da Cosmologia, da Astrofísica, da Astronomia e da Física de Partículas fez nas últimas décadas, jamais foi sonhado. Hoje, e no *'Terceiro Milênio'*, reunimos condições técnicas, evidências, provas, e um amadurecido *corpus* de conhecimento científico acumulado em um bocado de séculos, e que nos permite investigar, com elevado grau de precisão, como o Universo começou, evoluiu, de que é constituído, como funciona, e para onde nos levará. *Isso responde ou esvazia a um bom bocado de questões 'ditas' "Metafísicas".*

A realidade física pode ser descrita por equações matemáticas; mas vale notar que nem sempre uma equação matemática tem paridade com o mundo físico – ou real. Isso porque, apesar da refinada objetividade da linguagem matemática, esta também foi arbitrada pelo homem, e suas regras admitem falhas no *sentido de suas sentenças*. Da mesma forma, podemos notar que outras linguagens estabelecidas pelo homem com o efeito de *'permitir'* o desenvolvimento das relações ditas sociais, permitem encadeamentos pouco usuais, e por vezes *'absurdos'*. Por exemplo, na língua vernácula conhecida como *'português'*, a sentença *'mas que clima chato!'* está em perfeito acordo com a gramática vigente, embora o seu conteúdo não tenha o menor sentido prático ou real; assim como uma divisão por zero na *'linguagem' matemática*. O Houaiss nos diz que o *sujeito* é o *"termo da oração sobre o qual recai a predicação da oração e com o qual o verbo concorda"*. O 'clima' pode, gramaticalmente ser o sujeito da ação de *'ser chato'*, mas o que estamos denotando aqui é, de fato, a tendência *'ilusória'* ao *'animismo'*; ou seja, *"primeiro estágio da evolução religiosa da humanidade, no qual o homem primitivo crê que todas as formas identificáveis da natureza possuem uma alma e agem intencionalmente"* (Houaiss) – uma disposição neuropsicológica evolutiva, mas ilusória.

Neste caso do *'clima chato'* estamos diante de um absurdo lógico e *remando contra a observação da natureza e da REALIDADE*. Este é o problema quando tomamos a Matemática como indutiva da realidade, e este é o problema quando tomamos qualquer indução desprovida de embasamento teórico. O 'saber que' deve ser precedido por uma teoria que predique o que estamos medindo, ou, o 'saber como'. Notem que não estou invalidando a especulação teórica, e uma teoria começa com a observação de um fenômeno. Mas, a partir de evidências, precisaremos corroborar uma hipóteses, em caráter dedutivo da realidade, que deve ser comparada com outras hipóteses válidas, para que possam bem definir o que estamos buscando por meio da comprovação empírica.

A Matemática é, sem demérito algum, uma linguagem que pode admitir construções sem paridade alguma com a REALIDADE. Muito embora, como já dito, a Matemática Moderna seja a melhor ferramenta já inventada para *'auxiliar'* a Física na investigação do Universo. Mas o contrário nos levou a graves equívocos. E a Matemática, a linguagem matemática, foi aprimorada ao longo da história, para que pudesse acompanhar o desenvolvimento do entendimento do Universo.

Isso não implica em dizer que coisas *'estranhas'* ou *'contra intuitivas'* não descrevam a REALIDADE; mas, neste caso específico, estamos *'julgando'*, *adjetivando,* e atribuindo intencionalidade à *'chuva'*, que, embora exista no mundo *'real'*, não pode ser culpada moralmente por suas *'ações'*. A chuva é, portanto, inanimada, e como tal, *'amoral'*. A chuva não possui um sistema neural capaz de tomar uma aparente *'decisão'* sobre *'o que deseja ou não fazer'*; e onde possamos nos assentar na condição de julgar a sua *'decisão'* em nos molhar ou não.

É o desconhecimento sobre *'como as chuvas são originadas'* que nos levam a desenvolver juízos morais sobre a sua ocorrência ou não. É a falta de afinidade com sistemas complexos que nos induz a erros e ilusões, que no passado e ainda hoje, cobraram muitas *vidas*, nos conduzindo a acachapantes enganos. Esta é uma boa discussão epistemológica, mas devo interrompê-la por não pertencer ao conjunto de propostas deste livro.

O eminente físico teórico alemão Albert Einstein (1879-1955), que não cansaremos de citar neste livro, foi agraciado com o Prêmio Nobel de Física em 1921 - *"pelos serviços prestados à física teórica e, especialmente, por sua* descoberta da lei do efeito fotoelétrico". Notem que Einstein não levou o Nobel por conta de sua revolução relativística. Mais irônico é o fato de que o estudo do efeito fotoelétrico foi um passo decisivo na formulação da Teoria Quântica, com a qual Einstein nunca esteve à vontade - preso a seus próprios desafios pessoais, culturais, e uma certa herança platônica.

Mas, se a Matemática é a linguagem mais adequada para expressar o Universo, Einstein nos brindaria com uma das *poesias universais mais belas e preciosas de todos os tempos*. Além de belo, tal poema pode ser vivenciado e corroborado todos os dias de nossas vidas; operando metafóricos *'milagres'*, não apenas em centros de pesquisa e aceleradores de partículas espalhados pelo mundo, mas aqui e agora, e por toda parte, e na realidade que nos cerca:

$$E=mc^2$$

. isso implica - 'simples' e elegantemente - que toda matéria, toda massa, possui uma energia equivalente, e que pode ser obtida multiplicando esta massa pela velocidade da luz ao quadrado.

De igual forma, se desejarmos conhecer a massa equivalente a um montante de energia, bastará dividir a energia pela velocidade da luz ao quadrado, obtendo assim a massa equivalente. *Esta equação nunca nos deixou a pé, assegurando do alto de sua elegância e simplicidade, além da exatidão linguística 'físico-matemática', uma consistente descrição da REALIDADE.*

Sendo assim, podemos entender de relance por que a LUZ está no centro de todo o debate sobre o Universo; sendo, pois, *sua razão e causa*, origem e fator limitante, de todos os fenômenos universais. A velocidade da luz, simbolizada pela letra *'c'*, é equivalente a:

c = 299.792.458 metros por segundo no vácuo

Ou seja, são quase *300 milhões de metros percorridos em apenas um segundo* - ou *300.000 km/s*. **Tudo começa e termina na LUZ**. Esta entidade física real, embora *'amoral'*, a LUZ, possui intensidade, frequência, e pode ser polarizada – características de qualquer onda eletromagnética. Sabemos ainda, pela Mecânica Quântica, que o feixe de luz corresponde ao deslocamento de partículas muito especiais, os *fótons* - que, por sua vez, não tem massa, nem carga elétrica.

A imagem mais antiga universo conta que as condições eram tão impressionantemente quentes, ou energéticas, que não haviam condições contingentes para a existência, sequer, de partículas, ou qualquer tipo de matéria. Neste turbilhão a única paz reinante residia na unidade entre Física Quântica e Relatividade Geral. O *'mais grande'* estava no *'mais pequeno'*, e vice-versa.

O espaço-tempo se expandiu violentamente durante a época inflacionária, devido à imensidão das energias envolvidas. Aos poucos, as energias colossais foram arrefecendo enquanto o universo expandia e resfriava - ainda que em patamares de temperatura inconcebivelmente quentes, em comparação com qualquer evento que testemunhamos em nossos tempos; mas o decaimento foi suficiente para permitir que gradualmente a quebra de simetria, uma espécie de condensação repetida indefinidamente de um *status quo* para outro, levando, finalmente, à separação entre a força nuclear forte e o *electroweak* (força nuclear fraca e eletromagnetismo), com a liberação das primeiras partículas.

Quando investigamos fenômenos sujeitos a temperaturas muito altas ou muito baixas, observamos transformações físicas tão profundas que o estado final é indistinguível do estado original e as substâncias não parecem as mesmas – e de fato não serão. A compreensão de tais fenômenos é crucial quando remontamos a tórrida história do universo primordial, logo após o Big-Bang.

Façamos uma experiência doméstica para entender alguns dos conceitos essenciais ao entendimento de nossa realidade e universo. Quando aquecemos um cubo de água congelada recém-tirado de um freezer turbinado, no início não ocorre nada, embora a temperatura do gelo esteja subindo; mas quando alcançamos e continuamos superando o zero grau Celsius – 0 ºC, ponto de fusão da água -, algo *dramático* é observado: o gelo é transformado gradualmente em água líquida. Suspendemos, então, o aquecimento, quando a temperatura do gelo atinge a temperatura ambiente equatorial; será notável a alteração de estado físico, antes e depois do aquecimento. Temos um cubo bem definido e bem comportado, sólido como uma pedra, que é transformado em um líquido disforme, fluido e serelepe. Não *parece* existir nada que os conecte intimamente, a não ser a composição molecular da água que permanece inalterada.

Parafraseando o físico americano Brian Green (*'O Tecido do Cosmo'*; 2010), não deixe que a familiaridade cotidiana com o fenômeno subtraia a beleza deste maravilhoso espetáculo. Metaforicamente, se você é um extraterrestre residente na lua Titã, nos arredores de Saturno, em um clima com temperaturas médias na casa dos -179 ºC, e está acostumando a maravilhar-se com lagos de metano líquido - cujo ponto de ebulição é -164 °C, e o ponto de fusão é -182 °C; talvez se surpreenda com a experiência doméstica e quase 'mágica' de transformar um cubo sólido e um líquido volátil. Pergunte a um *titaniano*?

Se insistirmos no aquecimento da água líquida, perceberemos novamente que durante algum tempo nada acontece, até que superamos os 100 ºC – ponto de ebulição -, e percebemos que a água se torna instável, efervescente, e novamente observamos um fenômeno estupendo; a água líquida começa a transformar-se em vapor. Novamente não existem conexões tangíveis entre os dois estados, afinal o líquido 'disforme' ainda guardava alguma formam, e agora tudo se esvaiu em uma névoa dispersa, e que gradualmente se torna invisível. Estas são as famosas *transições de fase* ou *mudanças de estados físicos* da água; a molécula, no entanto, continua sendo a mesma (H_2O), mas o aglomerado molecular e sua estrutura serão completamente alterados. Os diferentes compostos moleculares poderão variar em termos de ponto de fusão ou ebulição, mas as transformações serão basicamente as mesmas.

O conceito de *simetria* desempenha um papel fulcral nas transições de fase; i.e., cada transição de fase fundamentalmente a *quantidade de simetria* da substância. Em termos de composição molecular água é água; mas, em termos de estrutura, o gelo tem arcabouço cristalino, com moléculas ordenadas em um belo arranjo hexagonal. Isso significa que, rotacionando a estrutura, ela será simétrica apenas sob a perspectiva de observação em certos ângulos especiais. A água, em seu estado líquido, por incrível que pareça, apresentará uma estrutura mais simétrica quando vista de qualquer ângulo. Sendo assim, quando derretemos o gelo, estamos na verdade 'aumentando a simetria', e não contrário. Isso, a despeito do fato físico-químico de estarmos 'aumentando a desordem molecular'. Entendeu?

Embora a intuição relacione ordem com simetria, na verdade a realidade nos conta uma estória bem diferente, quando vista sobre a ótica da Física. A simetria na Física corresponde à maravilhosa propriedade de manter uma 'aparência' constante, quando submetido a diferentes mudanças de perspectivas observacionais. Uma estrutura molecular será mais simétrica quando pudermos rotacioná-la, e revirá-la de ponta-a-cabeça, sem que ele modifique sua aparência.

Sendo assim, devemos esperar que o vapor de água fosse ainda mais simétrico do que a água em sua forma liquida, e de fato é isso que acontece. Na forma líquida, as moléculas de agua assumem uma configuração maleável com o hidrogênio de uma molécula próximo ao oxigênio da molécula adjacente; se 'torcemos' uma determinada molécula do arranjo, perceberemos que o padrão molecular sofrerá uma perturbação. Temos uma 'quantidade de simetria' maior do que na estrutura cristalina, mas isso pode melhorar; e melhora na configuração gasosa.

No gás a liberdade é total. Não existe um padrão a seguir, e não importa o ângulo escolhido, ou a torção que apliquemos, a estrutura permanecerá inalterada, imperturbada, e, portanto, simétrica. Na maioria dos compostos moleculares - mas não em todos -, a transição de sólido para líquido e líquido para o gasoso, corresponde a um respectivo aumento na quantidade de simetria. Onde o inverso também será verdadeiro, e na condensação do vapor de água em líquido notaremos uma *'diminuição na quantidade de simetria'*, e que será repetida quando do congelamento da água.

Embora a quantidade de simetria diminua quando passamos do estado gasoso para o líquido, e do líquido para o sólido, significando que tais estruturas tenderão a incrementar a constância de sua aparência quando sujeitas a perturbações, a Segunda Lei da Termodinâmica, ou Lei da Entropia, não será violada; considerando o calor que será irradiado para o ambiente durante tais transformações, o que inclui a entropia do próprio ambiente, a entropia total aumenta.

Mas o que cubos de gelo têm rigorosamente a ver com Cosmologia? Desde a década de 70 os físicos estão convencidos de que *o próprio Universo pode passar por transições de fase*. Durante 14,8 bilhões de anos o Universo vem se *"expandindo e descomprimindo de forma contínua"*:

> *"[...] assim como um pneu resfria ao descomprimir-se, a temperatura do universo em expansão também caiu continuamente." – Brian Greene ('O Tecido do Cosmo'; 2010)*

Quando o Universo passou por certas temperaturas críticas sua estrutura foi transformada radicalmente, experimentando drásticas reduções em sua quantidade de simetria. De forma que estaríamos vivendo uma fase mais *'condensada'*, *'sólida'*, ou estruturada do universo – porquanto mais assimétrica. Mas, quando sondamos a diversidade da matéria constituinte do Universo, nos perguntamos: *o que teria 'condensado'?* Estamos perscrutando o *Campo de Higgs*.

O interessante aprofundamento do estudo do *Campo de Higgs* extrapola os limites deste e de muitos livros correlatos; mas podemos tecer, ainda, algumas importantes considerações sobre este marco científico. A descoberta do *Campo de Higgs* deu ao físico escocês Peter Ware Higgs o direito de participar da cerimônia de entrega do Nobel de Física, em 2013, na condição de homenageado; e este privilégio foi compartilhado com o físico belga François Englert, um sobrevivente do holocausto nazista na heroica condição de *"criança escondida"*. Outros gigantes dão suporte a esta descoberta, como o físico americano Philip Anderson - Nobel de Física de 1977 -, além do físico suíço Ernst Stueckelberg (1905-1984), entre muitos outros.

Os campos ou 'domínios', como gosto de chamar, constituem matéria fundamental do corpus de conhecimento da Física. O campo eletromagnético é o mais famoso dos campos que desenham a realidade. Vivemos em meio a um 'oceano' de emissões eletromagnéticas, mergulhados em sinas de rádio, televisão e telefones celulares.

"Os fótons são os componentes elementares dos campos eletromagnéticos e podem considerados transmissores microscópicos da força eletromagnética." – Brian Greene ('O Tecido do Cosmo'; 2009)

Os *fótons* não têm massa, nem carga elétrica, e possuem uma velocidade fixa no vácuo, conhecida por velocidade da luz. Dito isso, podemos concluir que somos bombardeados por *fótons* quando sentimos a luz solar, ou qualquer outro tipo de luz visível e mesmo quando sentimos calor – ou radiação. Tudo o que podemos ver, decorre na natureza ondulatória do campo eletromagnético, mas apenas uma pequena parte deste espectro é visível. Tudo o que vemos depende de fótons, que são refletidos por toda parte, para então penetrar nossos olhos estimulando a retina.

O campo gravitacional também é um velho conhecido, e confere estabilidade ao nosso 'mundo', e está por toda parte e interagindo com tudo no Universo. A partícula elementar no caso do campo gravitacional é o *gráviton*, que existe apenas em nossos detalhados modelos teóricos. Não devemos confundir o gráviton com o recém-descoberto *bóson de Higgs*. O *gráviton* é, segundo a *Teoria Quântica de Campos*, o *portador* da *força gravitacional*. Hoje sabemos que mesmo partículas sem massa, como o *fóton*, são capazes de gerar um campo gravitacional.

O *bóson de Higgs*, descoberto em 2013 no LHC, é um dos componentes do *Campo de Higgs*; e o *Campo de Higgs*, por sua vez, é responsável por conferir massa às partículas elementares. E podemos dizer que estamos imersos em um majestoso *"oceano de Higgs"* (Greene; 2009), que permeia e abarca tudo o que há no Universo.

A gravidade é, de longe, a mais fraca de todas as forças universais; observe que um pequeno ímã de geladeira é capaz manter suspensa uma folha de papel, sobrepujando com aparente facilidade o apelo de toda a força gravitacional exercida pela Terra. De forma que é compreensível que ainda estejamos correndo atrás do *gráviton* - o silencioso responsável quântico elementar pela manifestação da força mais débil no Universo.

Quando derrubamos uma maçã newtoniana, podemos dizer que o campo gravitacional da Terra atraiu a maça, enquanto o campo gravitacional da maçã atraiu a Terra. Podemos sofisticar essa descrição fazendo uso das noções geométricas de campo de Einstein, explicando que a maçã.

"[...] se desloca ao longo de indentação que a presença da Terra causa no tecido do espaço-tempo [...]." (Greene; 2009)

Se provarmos que os *grávitons* realmente existem, podemos dizer que os *grávitons*, agindo entre a Terra e a maçã, estabeleceram uma conexão gravitacional. Este *'se'* neste ponto da escalada teórica tem o um significado *preciosista*, afinal:

"[...] as medições indicam que o Modelo Padrão funciona extraordinariamente bem – tão bem que ainda não temos pistas para saber o que está além dele [...]." – Lisa Randall ('Batendo à Porta do Céu'; 2013)

Eu me atrevo a dizer que a realidade está conformada. Conhecemos a natureza e o comportamento dos principais fenômenos que constituem o Universo e a realidade.

Além dos campos produzidos pela força eletromagnética, pela força gravitacional, e pelo *"oceano de Higgs"*, existem duas outras forças que fundamentam a realidade que nos cerca: a força nuclear forte e a força nuclear fraca - que também exercem seus *'domínios'*. Estas forças operam apenas em escalas atômicas e subatômicas – ou quânticas. Ainda assim, o impacto macroscópico de tais forças sobre as nossas vidas e sobre o Universo é enorme e essencial. A começar pela fusão termonuclear operando em cada estrela e *'acendendo'* o Universo; e finalizamos a opereta com a oferta de todos os elementos químicos do Universo, além de suas interações e compostos moleculares. Ou seja: TUDO depende destas forças.

Os campos produzidos por estas imprescindíveis embora minúsculas forças, foi batizado, ainda na década de 50, como *Campos de Yang-Mills* - em homenagem aos seus teóricos, os físicos americanos Chen Yang e Robert Mills (1927-1999). Os *Campos de Yang-Mills* também estão descritos em termos de suas partículas elementares, sendo os *glúons* responsáveis pela força forte, enquanto as partículas W e Z respondem pelas interações fracas. Mas neste caso as partículas envolvidas saíram do plano teórico e saltaram para a realidade, e bem diante de nossos olhos - em experimentos realizados na Alemanha e na Suíça durante as décadas de 70 e 80.

E voltamos ao misterioso *Campo de Higgs*, um perspicaz esquema teórico que após 30 longos anos provou ser a explicação para a interação massiva de todas as partículas elementares da Física e do Universo. Nas palavras de Greene:

"[...] oceano de Higgs, [...] uma fria relíquia do Big Bang [...]."

Os campos interagem com a matéria e com a temperatura. Quanto mais alta a temperatura maior a perturbação, e maior será a ferocidade com que os campos oscilarão para cima e para baixo. Considerando as temperaturas glaciais que caracterizam o nosso espaço profundo hodierno (*2,7 graus Kelvin*, ou *-270,45 ⁰C*), e mesmo nas tépidas temperaturas terrestres, as ondulações nos diversos campos de força serão insignificantes. Porém, diante de colossais registros térmicos, como o que se viu logo após o Big-Bang, a oscilação de todos os campos será cataclísmica; 10^{-43} segundos após o *Big-Bang* a temperatura pode ter chegado a *10^{32} graus Kelvin*. Com a expansão e o resfriamento rápido do Universo, a gigantesca densidade inicial de matéria e radiação decaiu em escala relativa e progressiva; a extensão do universo se fez notar, revelando vastas regiões vazias, e as variações sobre os campos foi sendo suavizada. Para a maioria dos campos isso significou uma estabilidade próxima e em torno do 'zero'. Esta condição é percebida e descrita por nós como vazio.

É neste estado de coisas que o Campo de Higgs entra em cena. Estamos falando em um campo de força semelhante aos demais, mas que ao longo do resfriamento do Universo *tendeu para um valor diferente de zero distribuído por todo o espaço*. De forma prosaica, o *"oceano de Higgs"* cria e mantém o vácuo. Enquanto os demais campos variam a intensidade de seus domínios dependendo da aplicação da força, o *Campo de Higgs* preenche todo o Universo de forma constante.

Com o resfriamento do Universo o *'Higgs'* tendeu a um valor diferente de zero no espaço vazio – e isso, para torná-lo *'efetivamente vazio'*, mantendo o nível mais baixo de vacuidade. Mas, e se, inadvertidamente, pretendêssemos forçar o *'Higgs'* a zero, removendo-o de uma determinada região? O que seria necessário fazer? Simples, precisaríamos fornecer energia para cancelá-lo, o que nos levaria a contrariar o conceito estrito de vacuidade. Ainda que pareça contraditório, esta é a lição.

Greene mais uma vez tem uma incrível analogia à mão. Existem fones de ouvido para aviões com a propriedade de produzir uma frequência que elimine ou cancele o ruído externo. Sendo assim, a frequência produzida 'destrói' o ruído externo; ou seja, estamos produzindo um ruído para anular outro ruído.

> *"[...] assim como se ouve menos quando os fones de ouvido estão inundados pelos sons que estão programados para produzir, também o espaço frio e vazio contém o menor nível possível de energia — o estado mais vazio possível — quando inundado por um oceano de campos de Higgs."*

O *'Higgs'* garante máxima vacuidade no espaço; ou o vácuo pode estar repleto de *'Higgs'*. O processo pelo qual o *'Higgs'* assume um valor diferente zero em todo o espaço é conhecido como quebra espontânea da simetria. Esta é *uma das ideias mais excepcionais surgida na excepcional Física Teórica do século XX.*

Estivemos centrados no vácuo, mas também dissemos que o *Campo de Higgs* está em toda parte, certo? Sendo assim, e se o seu valor é diferente de zero, não deveríamos, de alguma forma, percebê-lo? É claro que sim, e é exatamente por meio deste fabuloso campo, e sua interação com os demais campos, que a Física moderna descreve a maior parte dos fenômenos que vivenciamos no dia-a-dia.

[&&&]

Tenho sempre ao meu lado um fiel e constante amiguinho, o *Bono*. *Bono Fox* parece uma 'raposinha', mas na verdade trata-se de um *lulu-da-pomerânia* de 5 aninhos e que pesa aproximadamente 4 kg. Quando preciso movê-lo ou tomá-lo nos braços, ele fica paradinho, caracterizando um perfeito e 'preguiçoso' estado inercial. Ao levantar estes preciosos 4 kg, sinto os músculos de meu braço produzindo trabalho, e assim posso mover o meu melhor amigo de sua posição inicial e 'inercial'. Posso sentir a massa do *Bono*, além do peso de meu próprio braço; neste sentido, a massa de meu cachorrinho representa, cientificamente falando, a resistência de um objeto ao movimento. Quanto maior a massa maior será a resistência do objeto ao movimento. Em outras palavras, o objeto em seu estado inercial resiste à mudança de estado, resiste à aceleração. Mas de onde vem esta resistência? De onde vem o Primeiro Princípio da Dinâmica, a Primeira Lei de Newton, ou, melhor dizendo, o *Princípio da Inércia*? Por que os corpos, objetos e a matéria que está em repouso tende a permanecer em repouso e na verdade oferece certa resistência ao movimento?

Newton, Mach e Einstein formularam respostas parciais a esta primordial questão. Newton achava que o "espaço absoluto" garantia esta quietude; enquanto Mach invocava a interação com estrelas distantes; para Einstein, e na formulação da Relatividade Especial, a imobilidade estaria relacionada com o espaço-tempo absoluto; enquanto na Relatividade Geral, a responsabilidade foi deslocada para o *Campo Gravitacional*. Eram respostas parciais que delineavam padrões de repouso, mas sem dar o passo seguinte, explicando por que os objetos resistem teimosamente à mudança de estado e à aceleração. O Campo de Higgs veio para cumprir este papel.

Acontece que o meu braço e o meu corpo, assim como o corpo do *Boninho*, além de todos os objetos e corpos que nos cercam, são notórios compostos moleculares constituídos por átomos; i.e., prótons, nêutrons e elétrons. No final da década de 40, já havíamos descoberto que prótons e os nêutrons são formados a partir de três partículas ainda menores, os *quarks*. Sendo assim, quando movemos o nosso corpo estamos movendo, em última análise, uma colossal horda de *quarks* e elétrons envolvidos na tarefa. Como estamos imersos no *"onipresente oceano de Higgs"* (Greene; 2009) estas partículas interagem com este oceano invisível, resistindo ao intento de mudar seu estado, e esta resistência é percebida como se elas adquirissem massa. Este *oceano* abrange a totalidade do espaço compreendido pelo Universo, de forma que não é possível evitar a interação com este campo. Mas este campo está intimamente relacionado à inércia, o que significa dizer que o somente será percebido quando existe uma aceleração em jogo. Qualquer movimento tendente à velocidade constante não será perturbado pela *"fricção"* com o campo de *Higgs*. Este domínio ou oceano só opera quando tendemos a exercer algum tipo de força que ocasione o aumento ou a diminuição da velocidade.

Existe um complicativo a mais, e que ainda podemos abordar sem fugir aos limites deste trabalho. A matéria, como já vimos, está constituída de aglomerados moleculares, e suas partículas e subpartículas, de forma que os *campos de Yang-Mills* estarão atuando e cumprindo sua função, como resultado das forças nucleares fraca e forte. Os *glúons* - lembram? – circulam freneticamente entre os *quarks*, como a *formiga atômica dos quadrinhos*, mantendo-os *amarrados* como um só "conjunto". A célebre equação de Einstein nos ensinou que a energia (*E*) pode ser traduzida e ainda se *manifestar* como uma massa (*m*); e sabemos ainda que a velocidade da luz (*c*) é constante no *vácuo*. Então a elegante notação '$E=mc^2$' nos permite traduzir a elevada energia dos *glúons* em massa, e esta massa responde significativamente pela massa que medimos nos *prótons* e *nêutrons*.

Outra particularidade do oceano de Higgs é a diferenciação da intensidade de sua interação dependendo do tipo de partícula elementar, o que terminar por diferenciá-las em termos de massa. Os *prótons* são formados por três *quarks*, sendo dois *quarks* do subtipo *up*, e um do subtipo *down*. Já os *nêutrons* são formados por dois *down* e um *up*. De forma que, como os quarks up e os quarks down interagem com o Higgs em diferentes intensidades, estas partículas e seus respectivos compostos registrarão massas distintas. Um *próton* tem *1,673*10^{-27} kg*, enquanto um nêutron tem uma massa de *1,675*10^{-27} kg*, com uma diferença de apenas 0,2%. Mas existem outros tipos de quarks descobertos, que cujas massas podem variar de "0,0047 a 189 vezes a massa total de um próton" (Greene; 2009).

A Física de Partículas teórica viveu o seu período áureo no século XX, e o século XXI está sendo consagrado pela Física de Partículas experimental, e os seus modelos estão revelando, palmo-a-palmo, as minúcias da realidade. Mas muito trabalho ainda precisa ser feito, enquanto penetramos nas profundezas da escuridão, explorando os mistérios e desvelando os segredos da matéria escura e, enquanto encaramos o umbral da energia escura. Inexplicado sim, inexplicável não! Chegaremos lá, juntos, pela forma do empenho coletivo humano – *troppo umano*.

Falemos de LUZ. Os fótons deslizam suavemente pelo oceano de Higgs, sem provocar reações, e, portanto, sem encontrar resistência. Os fótons, a luz, não tem massa. O quark mais *obeso* do Universo é o *quark top*, com uma massa 350 mil vezes maior do que a massa do *elétron*. Sem o 'Higgs' não haveria distinção entre partículas, nem diversidade, nem nada. Talvez, sem o 'Higgs', só houvesse LUZ. sem massa, sem resistência, sem forma, sem vida. E no início do Universo só havia luz, e o *Campo de Higgs* nada podia contra a violência épica destes tórridos e idos tempos. Enquanto o vapor se condensa em água líquida ao descender do marco dos 100 ºC, as nossas melhores suposições teóricas nos dizem que o *Campo de Higgs* se condensa em um valor diferente de zero, a 1 milhão de bilhões de graus Celsius, ou 10^{15} ºC. Esta temperatura, e apenas para que tenhamos um termo de comparação, é 100 milhões de vezes mais alta do que o interior termonuclear do Sol!

Quando contemplo tais magnitudes, e quando reconheço o ponto em que chegamos, em uma posição realmente privilegiada na história do Universo, e podendo contemplar todas estas maravilhas. tenho sincero pesar por aqueles pobres coitados que balançam seus troncos em movimento uniformemente desesperado diante de um tal "muro das lamentações"; ou permanecem circulando uniforme e hipnoticamente diante de um monólito sombrio em Meca; ou amontoam-se, acólitos, diante de um palácio medieval para uniformemente dizer "amém" a um semideus celibatário, que recita mantras da Idade do Bronze.

Mas, voltando à impressionante e espetacular realidade, devo dizer o Higgs começou a condensar-se em apenas 10^{-11} segundos após o colosso do Big-Bang. Antes disso, imaginamos que o 'Higgs' lutava para fugir ao zero, violentamente, mas sem sucesso. A libertação do *Campo de Higgs* é, portanto, um marco de transição de estado Cosmológico. É a partir deste ponto que a 'realidade' joga a sua sorte. Mas, assim como na mudança de fase vapor-líquido da água, nesta nova fase Cosmológica, dois marcos essenciais são estabelecidos: (1) uma significativa mudança qualitativa na forma e aparência do Universo em nascimento; (2) uma redução na sua quantidade de simetria.

O oceano de Higgs passaria então a diferenciar e qualificar partículas pela massa, considerando a rispidez de sua interação com elas. Esta variação, por si só, já representa uma redução de simetria, afinal antes deste ponto todas as partículas eram indistinguíveis, e desprovidas de massa, o que corresponde inequivocamente a uma maior quantidade de simetria. Antes do oceano de

Higgs as próprias partículas *"mensageiras"* para as diferentes forças atuantes no Universo, *grávitons*, *glúons*, partículas W e Z, ainda não possuíam massa. Apenas para que tenhamos uma vaga ideia, hoje a massa para as partículas W e Z chegam a 90 vezes a massa de um *próton*. Esse é o mundo em que vivemos, e que nos permite, além de existir, pensar, escrever, produzir algum tipo de trabalho, executar obras de arte, gestos de amor.

Isso significa que havia uma tremenda desordem por lá, mas por outro lado, podemos reinterpretar a questão conjecturando que existia uma insuspeitável unidade primeva, de beleza e simetria sem igual. E esta compreensão, a compreensão deste estado de coisas, e desta inenarrável beleza primordial, assegurou o Nobel de Física em 1979, entre outras tantas honrarias, ao físico americano Steven Weinberg, ao físico nascido no Paquistão e que trabalhou na Universidade de Oxford na Inglaterra, Abdus Salam (1926-1996), e ao físico americano Sheldon Glashow.

"Quanto mais o universo nos parece compreensível, mais ele nos parece inútil." – Weinberg
(como orador de um simpósio em Novembro de 2006)

É a hora e a vez do gigantesco físico e matemático escocês James Clerk Maxwell (1831-1879) conjurar todas as partículas de sua existência notável e produtiva, e permitindo à humanidade trilhar novos e iluminados caminhos. Maxwell percebeu que a eletricidade e o magnetismo, apesar de consideradas como forças separadas, na realidade não passavam de diferentes manifestações da mesma força - conceituada por ele como *força eletromagnética*. A sua obra daria unidade à eletricidade, o magnetismo e a óptica, convergindo em um mesmo conjunto de equações a Lei de Ampère, a Lei de Gauss e a Lei da indução de Faraday. Desta maravilhosa saga intelectual, surgem as famosas equações de Maxwell:

Maxwell nos contaria que todos estes fenômenos são variações sobre o mesmo tema: a LUZ. E é uma pena que, de forma geral, nossos mestres universitários não estejam preparados para apresentar a aventura do conhecimento, e a poesia da realidade que ensejam. Weinberg, Salam e Glashow, escreveriam os próximos sonetos deste 'clássico', percebendo que o parentesco entre os *fótons* e as partículas W e Z, idênticos, e com uma única exceção, a fluidez do *fóton*, que possui um misterioso *habeas corpus* enquanto navega livremente pelo *oceano de Higgs*. com massa Zero.

O trio liderado por Weinberg ampliaria, então, a descoberta secular de Maxwell, ao perceber que a força eletromagnética e a força nuclear fraca, na verdade, constituem a mesmíssima força: o *electroweak* ou força eletrofraca. A simetria entre estas duas forças não é visível em nossos dias porque o resfriamento do Universo permitiu que o *Campo de Higgs* ocupa-se seu espaço em todo o espaço, e diferenciando tais forças. Fótons, partículas W e Z, como já vimos, interagem e são afetados pelo *'Higgs'* de diferentes formas. Podemos dizer que a simetria que havia na força *electroweak* foi quebrada conforme o universo se resfriava, e digo que isso permitia ainda mais diversidade.

A simetria entre a força eletromagnética e a força nuclear fraca na força eletrofraca, só pôde ser quebrada, revelando diferenças cruciais entre as duas forças, por que estamos permeados pelo *Campo de Higgs*; somente eliminamos este campo, invocado à existência pelo vácuo, pelo 'nada', poderemos reacender a unidade e a simetria da força eletrofraca.

O *Campo de Higgs* já faz parte de nossa realidade, e o Modelo Padrão se mostrou exitoso, e isso desde que o bóson de Higgs, um dos "mensageiros" deste onipresente campo mostrou sua cara em 2012 no LHC/CERN, para ser confirmado oficialmente em 2013. E agora? Quais serão as novas fronteiras? A matéria escura e a energia escura aguardam para serem desvendadas. E cientistas ao redor do globo, dedicam suas vidas de forma apaixonada para desvendar os segredos do Universo e da Vida; ora no papel de Sherlock Homes, enquanto formulam suas teorias, ora representando Indiana Jones, quando disparam seus ínfimos projéteis em sofisticados aceleradores de partículas, na busca de algum 'santo graal', ou aquele que seria o novo carimbo para a Suécia.

Sobre a descoberta do *bóson de Higgs*, o ou sado e brilhante físico Lawrence Krauss desabafou:

> *"Escondidos no que parece ser o espaço vazio [...] estão os elementos mesmos que permitem nossa existência. Ao demonstrar isso, a descoberta da semana passada mudará nossa visão sobre nós mesmos e sobre nosso lugar no universo. Certamente, isso é a marca registrada de grande música, grande literatura, grande arte [...] e grande ciência."*

A poesia da realidade.

9.   A História do Tempo

*"O que se pretende não é a vontade de acreditar, mas o desejo de descobrir, que é
exatamente o oposto."*
Bertrand Russell

"Feliz aquele que transfere o que sabe e aprende o que ensina."
Cora Coralina

*"O Universo é assimétrico e estou persuadido de que a vida, como nós a conhecemos, é
o resultado direto da assimetria do Universo ou de suas consequências indiretas."*
Louis Pasteur

A atitude científica, e somente ela, pode descrever de forma coerente o início do Universo, sua evolução e destino. Portanto, hoje, podemos contar a estória do Universo, a História do Tempo, com uma enorme riqueza de detalhes, de forma simples, e empolgante. Então sente-se confortavelmente, e imagine-se voltando 13,73 bilhões de anos no passado longínquo, O MAIS LONGÍNQUO QUE HÁ. A ORIGEM DO TEMPO.

'Era uma vez', quando toda a 'possibilidade do Universo', sua massa espetacular, todo o espaço intergaláctico, toda a energia, tudo estava confinado a um volume equivalente a um trilionésimo da cabeça de um alfinete, ou mais ou menos equivalente a um átomo. Todo o Cosmos estava confinado a este inconcebível e diminuto espaço, assim como seria inconcebível imaginar o calor e a tensão neste átimo, onde as forças básicas na natureza AINDA estavam unificadas.

A Eletricidade e Magnetismo já foram vistas como forças separadas e isso perdurou longamente e até mais precisamente o ano de 1800, quando o físico e químico dinamarquês Hans Christian Ørsted (1777-1851) relacionou as duas forças; a partir daí, os trabalhos de físicos como André-Marie Ampère, William Sturgeon, Joseph Henry, Georg Simon Ohm, Michael Faraday foram unificados por James Clerk Maxwell (1831-1879), em 1861, sob a égide das famosas e elegantes *'Equações de Maxwell'*, e que descreveriam o fenômeno eletromagnético para a posteridade.

A revolução iniciada por Ørsted, relacionando as correntes eléctricas com os campos magnéticos influenciariam a filosofia pós-kantiana e os avanços científicos durante o final do século XIX (Brian, R.M. & Cohen, *'Hans Christian Ørsted and the Romantic Legacy in Science, Boston Studies in the Philosophy of Science'*; Vol. 241; 2007). O dinamarquês foi também o primeiro pensador moderno a descrever e denominar explicitamente o conceito de *'experiência mental'*.

Finalmente Eletricidade e Magnetismo estariam unificadas como 'Eletromagnetismo', apresentando 'uma única forma ou força, embora com diferentes e caprichosos comportamentos', dependendo apenas das circunstâncias e do formalismo contido em suas observações. E temos indícios plausíveis para supor que todas as forças da natureza estavam unificadas neste átimo no berçário do Universo. *Foi quando o universo 'colapsou' em liberdade triunfal!*

Na tenra idade de hum décimo de milionésimo de trilionésimo de trilionésimo de trilionésimo de segundo, a temperatura de TUDO, neste Universo *'em gestação'*, girava na casa de um milhão de trilhões de trilhões de graus. Vale notar ainda que desconhecemos o *'status'* do Universo antes desta 'idade', e precisaremos admitir que as nossas melhores tentativas tem fracassado – e existem bons motivos para tal.

Neste estado de coisas, *'buracos negros'* iam e vinham espontaneamente, em decorrência da magnitude de energia contida neste *campo unificado de forças. A energia era tão alta que não apenas partículas eram criadas e destruídas instantaneamente – assim como a mera possibilidade -*, mas buracos negros colossais eram criados e destruídos em átimos. Pela Relatividade sabemos que buracos negros provocam curvaturas no espaço tempo, e tal epifania de buracos negros neste espaço ainda diminuto, sujeito à energias inimagináveis, provocavam um efeito de *'borbulhamento', uma espécie de esponja sendo comprimida com espuma – segundo nos conta a Mecânica Quântica.* Daí decorre o termo apropriado para este estado *neo-natal*: *'Quantum Foam'* - ou *'Espuma Quântica'*.

Curiosamente quando o estudo da *Mecânica Quântica* entra em cena, em 1920, para tratar do *'mais pequeno'*, a Relatividade de Einstein já estava a caminho de consolidar-se na descrição do *'mais grande'* – e que me perdoem os guardiões da língua portuguesa; e duas trincheiras são então erguidas, e enquanto a Relatividade explica o macro Cosmo, a Mecânica Quântica trata de partículas atômicas de subatômicas. *Mas notem que, ainda no berçário do Universo, tais 'formalismos' estavam perfeitamente unificados.*

O que também precisa ser dito é que neste momento o *'mais grande'*, toda a magnitude do *'macro Cosmo'*, estava contido no *'mais pequeno'*, em um espaço do domínio da Mecânica Quântica; de forma que, neste momento, todo o Universo descrito pela Relatividade estava dentro dos domínios 'particulares' descritos pela Mecânica Quântica. Neste átimo da História do Tempo, da História do Universo, a Relatividade e Mecânica Quântica 'ainda' estariam unificadas. Um espaço de dimensões atômicas resume todo o Universo, e as trincheiras do formalismo simplesmente não existem.

"A Mecânica Quântica e a Relatividade eram 'uma só', elas tinham que ser" – Neil deGrasse Tyson

E, enquanto o Universo 'borbulhava', pulsando entre 'mais frio' e 'mais quente', a 'Gravidade' se separava e encontrando o seu caminho independente. E as forças, conforme a leitura atual da Física, irrompem em liberdade, desenhando o nosso universo. Esta também é a oportunidade para a *'Força Nuclear Forte'* distinguir-se da *'Fraca'* - esta última hoje unificada ao Eletromagnetismo, na Força denominada 'EletroWeak'.

É neste estado de coisas que ocorre o rompimento da unidade em estado latente de tensão, provocando uma intensa e imensa liberação de energia, com uma expansão equivalente a 10^{30} vezes o tamanho do Universo, em um espaço de tempo infinitesimal. Esta é a chamada **Era da Inflação**. Esta energia liberada, nos explica De Grasse, não difere da energia de calor latente no congelamento. Quando colocamos água em um freezer observamos o decaimento da temperatura até que o processo de cristalização e solidificação do gelo se inicie. Em função do calor latente da água, a temperatura do ambiente irá subir, até que, pela solidificação da água, o processo seja interrompido. Após a solidificação a temperatura volta então a baixar. A situação é análoga neste ponto da História do Universo, e este *'calor latente'* é liberado na mudança das propriedades físicas, causando, pela magnitude, esta incrível expansão. Mas.

"Fazer cubos de gelo não provocam a expansão do Universo" – Idem

Quando interagimos com as forças do Universo, ainda que em nosso ambiente doméstico, liberamos o mesmo tipo de energia que provocou, em seu momento, esta rápida expansão. E esta rápida expansão suavizou a tensão original do Universo, culminando com a estrutura que podemos notar hoje como observadores.

Neste maravilhoso e intrigante processo, sob condições de exacerbada energia e temperatura, os fótons – 'matérias de luz' ou 'luz materializada' - convertem-se espontaneamente em pares de matéria e *anti-matéria*; assim como confirmamos nos laboratórios de todo o mundo que prótons *'criados'* também originaram os seus *'anti-prótons'*, e um nêutron terá seu par *'anti-neutron'*. A existência em pares simétricos de matéria e *anti-matéria* é REAL, não sendo, pois, obra de ficção científica ou mera elucubração matemática - e muito menos mero constructo físico teórico.

E o que ainda pode parecer mais ficcional e ininteligível, embora contabilmente aceitável, é que Nesta *'sopa primordial de fótons'*, matéria e a *anti-matéria* seguirão nesta via de mão dupla, aniquilando continuamente um ao outro, e retornando à condição de fóton. Esta é a simétrica matéria/*anti-matéria*. E a unidade do fóton, que mais uma vez será *'dividido'* simetricamente para então sofrer aniquilação - e repetindo e repetindo o mesmo processo de 'conversão' -, estará em perfeita sintonia com o que Einstein previu em '$E=mc^2$'.

Mas por algum motivo *'ainda desconhecido'*, inexplicado, embora não possamos afirmar ser *'inexplicável'*, enquanto o Universo em expansão 'esfria', para cada bilhão de fótons - em processo de conversão simétrica e antagônica entre matéria e *anti-matéria* -, um destes fótons originará matéria sem originar a sua parceira - a *'anti-matéria'*. A simetria é, portanto, quebrada. E esta quebra de regras tem um impacto profundo sobre o Universo. E esta matéria 'solteira' passa a representar uma espécie de sobra, enquanto o processo prossegue, e enquanto o Universo continua esfriando; atingindo um ponto em termos de energia abaixo do qual os fótons já não poderão converter-se em pares simétricos de matéria e *anti-matéria*.

Este é momento em que as luzes se acendem, ao final do 'baile cósmico', resultando no Universo que conhecemos; para cada bilhão de fótons contaremos uma partícula de matéria, e o montante destas partículas corresponde à totalidade de matéria disponível em nosso gigantesco Universo – galáxias, estrelas, planetas, asteroides, etc.

Toda a matéria disponível é resultante deste processo de conversão entre fótons, matéria, e *anti-matéria* - enquanto o Universo ainda *'ardia'*. E conforme o processo foi se *'arrefecendo'*, tal conversão foi permitindo quebras, e estas quebras de simetria originaram a estrutura material de todo o Universo - ou todo o Cosmos. Hoje, em nossa tênue e *'tardia'* existência, medimos as forças que sustentam e justificam tal universo, forças que foram geradas de outras interações de forças, e que parecem haver saído do nada.

Por isso medimos a *Força Nuclear Forte*, responsável por unir as partículas no núcleo do átomo. O *próton* tem carga elétrica positiva, e deveriam repelir outros *prótons* no núcleo, e o fazem; mas para que o núcleo seja mantido estes *prótons* devem estar intimamente conectados, unidos, próximos uns aos outros, permitindo que a *Força Nuclear Forte* assuma e sobrepuje a tendência dos prótons a repelirem-se mutuamente.

A *Força Nuclear Fraca*, por sua vez, é responsável exatamente pelo decaimento da agregação do núcleo atômico - considerando as cargas positivas dos *prótons* -, mas perde para *Força Nuclear Forte*. Esta força é representada pelo *Eletromagnetismo*. Curiosamente, o *Eletromagnestimo*, que unificado à *Força Nuclear Fraca* constituiu-se modernamente na *Força 'Eletro-Weak'* faz parte da materialidade do Universo - porquanto mantém os elétrons presos em órbita dos núcleos, estruturando também as ligações entre átomos, constitutiva das moléculas; que por sua vez serão por meio de forças elétricas, constitutivas de estruturas macroscópicas com nossos corpos, sangue, neurônios, vidro, borracha, papel, madeira, alumínio, etc. - tudo!

Finalmente, e resultante desta expansão, surge a Gravidade. Portanto, enquanto o Universo esfria enquanto se expande, os fótons perdem a sua propriedade de produzir simetricamente matéria e *anti-matéria*, degradando regularmente em uma partícula de matéria *'solteira'* por bilhão de casais simétricos, e se esta matéria *'solteira'* é a matéria constitutiva do Universo físico, material. Isso quer dizer que, neste ponto, a etapa de desenvolvimento da matéria, a partir da Energia do Universo primordial, estava finalizada; e toda a matéria possível para este Universo seguir em frente estava disponível e contada.

Porém, no núcleo das Estrelas, um processo transformador de matéria seria deflagrado, podendo ser observado aqui e agora, e é desta fonte, da fusão estelar, que provém toda a Possibilidade de Vida no Universo.

Mas não nos apressemos, pois ainda não existem estrelas e estamos há *'apenas'* 300.000 anos do Big Bang. O Universo continua esfriando, atingindo agora temperaturas entre 1.700 e 2.700 C°. Então é a vez de *nêutrons* e *prótons* se combinarem para produzirem os elementos mais leves da *Tabela Periódica, Hidrogênio, Hélio, e certa quantidade de Lítio.* Mas os elétrons ainda estão dispersos, e ainda não havia frio o suficiente para que eles passassem a gravitar em trono destes núcleos atômicos *'primitivos'*.

O problema é que *elétrons* e *fótons* possuem afinidade, e vivem aos *'encontrões'*, e sendo assim os *elétrons* dispersos também dispersavam a luz que não conseguia viajar livre e regularmente por este Universo ainda desorganizado atomicamente. Os fótons vagavam como bolas de *pimball*, ou como *bêbados cambaleantes*, em um *'mar'* de *elétrons*. Isto implica em que, antes de 300.000 anos, o Universo era opaco. E os nossos telescópios mais modernos não podem penetrar aquela parede de luz; como um vidro embaçado na janela do banheiro, ou como um estouro de luz registrado por uma câmera.

Após 300.000 anos a temperatura cai alguns milhares de graus, o que é suficiente para que os *elétrons* sejam aprisionados nas *eletrosferas* e em torno dos núcleos atômicos, e a luz possa então cumprir o seu destino através de um *Cosmos transparente*. E todos os fótons que sobraram daquele período ainda estão no Universo.

Conforme o Universo seguia sua estória, passando de temperaturas entre 1.700 e 2.700 c⁰ para a temperatura atual de -270,15 c⁰, o seu tamanho seria ainda expandido em 1.000 vezes. Esta é a temperatura atual, e esta é a radiação de fundo Cósmica. Isso porque a 1.700 c⁰ um objeto irradia luz infravermelha e luz visível, mas a -270,15 c⁰ não teremos luz visível. Mas um receptor de micro-ondas será capaz de detectar tal radiação.

Neste estado de coisas e após alguns bilhões de anos, quando certa ordem estrutural foi estabelecida no Universo, com elétrons orbitando o núcleo dos átomos, um novo período adveio com a formação das galáxias. Então as primeiras galáxias se formaram, sendo a *Via Láctea* uma delas. Entre 50 e 100 bilhões de galáxias constituem nosso Universo e contendo, cada uma delas, cerca de 100 bilhões de estrelas que brilham devido à termofusão nuclear operando em seus núcleos.

Nada vive eternamente, tanto na terra quanto no céu. Até as estrelas envelhecem, definham e morrem. Houve um tempo antes do Sol e da Terra existirem, um tempo antes de haver dia ou noite, antes, muito antes de existirem seres cientes de alguma coisa, muito antes que pudéssemos testemunhar a existência de algo; foi neste interim que uma vasta massa de gás e poeira começou rapidamente a rodopiar sobre o seu próprio peso, e cada vez mais depressa, até que esta nuvem turbulenta e caótica converteu-se em um disco delgado, nítido e regular, com um centro ardente, embora sem chama, rubro e opaco.

> *"Este disco rodopiante do qual se forma os mundos aglutinou-se a partir da matéria esparsa que salpica a vasta região do vácuo interestelar dentro da Via Lactea. Os átomos e partículas que o formam são destroços da evolução galáctica – aqui, um átomo de Oxigênio produzido a partir do Hélio noi inferno incandescente de alguma estrela gigante vermelha hà muito extinta; além, um átomo de Carbono expelido na atmosfera de alguma estrela rica em Carbono, em algum setor galáctico muito diferente; agora temos um átomo de Ferro que ficou livre para participar da formação do mundo através da poderosa explosão de uma Supernova no passado ainda mais distante. Cinco bilhões de anos após os acontecimentos que descrevemos, estes mesmos átomos talvez circulem na sua corrente sanguínea." – Carl Sagan*

Mas ainda estamos interessados nesta esta poeira cósmica e rodopiante na forma de um disco; e durante os seguintes 100 milhões de anos esta massa central se tornaria mais alva e brilhante, até que, após algumas tentativas abortadas, tudo explode em um clarão brilhante, um fogo termonuclear prolongado. O nosso astro-rei, o Sol, acaba de nascer.

Leal ao seu propósito, a nossa estrela brilharia ao nosso encontro pelos 5 bilhões de anos seguintes. E enfim o encontro com a nossa existência; para depois, então, alguns milênios mais tarde, e em *feedback*, encontrar a consciência que construímos sobre a natureza e a existência do próprio Sol.

Somos, pois, a memória do Universo!

E não queremos perder nada deste espetáculo. Muito embora, e considerando quase 150.000 de nossa existência como *Homo sapiens sapiens*, apenas recentemente, há pouco mais de 5 séculos, tenhamos aprendido a admirar e compreender a magnitude e importância de nosso Sol, de nossa vizinhança galáctica, ou de nosso espetacular Universo. E penamos, esdrúxulos, assassinando outros humanos em nome de deuses fatídicos, para que o Sol voltasse a brilhar. Hoje podemos desfrutar de sua leal companhia em sã consciência, juntos, e com o firme propósito de preservar qualquer forma de vida.

Hoje, somente hoje, testemunhamos o colossal Poema do Universo. Neste *Sol-bebê*, somente a parte interior do denso disco estava iluminada, pois a luz não conseguia escapar ou vazar para fora da nuvem de detritos. Mergulhando nos recessos desta nuvem, poderíamos haver observado *as maravilhas que aí eram operadas. Mas isso foi muito antes do antes.*

Um milhão de possíveis mundos rodopiavam ao redor do grande fogo central. Aqui e ali milhares deles a rodopiar muito perto do Sol, destinados a serem fundidos para formar planetas e planetoides rochosos como a nossa Terra. É aqui, neste disco ainda escuro, que começa a nossa história. Outros possíveis mundos foram simplesmente absorvidos pelo Sol, perdendo a chance de originar vida ou calar nossas vidas para sempre. *É aqui que outras versões de 'mundos' jogaram a sorte para apenas '8 fichas'.*

Enquanto isso, outros *'mundos'* rodopiaram há grandes distâncias, destinados a formar nossos maiores planetas, nossos planetas gasosos.

"[um nadinha diferente e] a história do nosso mundo e da nossa espécie, mas também a história de muitos outros mundos e formas de vida destinados a nunca existirem. O disco está cheio de murmúrios possíveis." – Carl Sagan

Assim nascem as estrelas como o nosso Sol. Uma região salpicada de matéria densa atria o gás circundante e toda poeira adjacente, tornando-se, por acreção, mais e mais densa, apropriando-se escalarmente de mais matéria, até que a pressão e a temperatura se tornem demasiadamente elevadas. Falta a ignição, e o Hidrogênio, material mais abundante no Universo, será comprimido até irromper em uma reação termonuclear. A estrela então 'brilha', acende, 'dá a partida'. A escuridão circundante é expulsa, A MATÉRIA TRANSFORMA-SE EM LUZ. Durante a maior parte de suas vidas, as estrelas brilham por meio da fusão do Hidrogênio em Hélio.

Neste vasto universo aglomerado por vizinhanças galácticas, estrelas com aproximadamente dez vezes a massa de nosso Sol desempenhariam um papel ainda mais especial; e isso porque tal massa produz suficiente pressão para provocar suficiente temperatura, convertendo tais estrelas em berçários ou fábricas para os elementos químicos, e não somente os mais comuns, mas especialmente os elementos químicos mais pesados.

No tempo de suas vidas, as estrelas serão capazes de fabricar uma ou duas dezenas de diferentes elementos químicos, além dos elementos constitutivos da primeira fase do Big Bang, como o Hidrogênio, o Hélio, e o Lítio. Estas estrelas produzem os elementos com os quais nós somos compostos, assim como toda a Vida, como o Carbono, Oxigênio, o Nitrogênio e o Ferro. A *Termofusão Nuclear Estelar* cumpre um importante processo *'Evolutivo'* no Universo, permitindo a *Vida*.

Será a partir do intenso calor que elementos mais leves serão fusionados em elementos mais pesados no interior das estrelas. *Uma 'fundição' muito especial*. E estas 'fundições estelares' terminam por 'polinizar' o Universo com seus diferentes produtos atômicos. Mas para isso elas, as estrelas do espetáculo, precisam 'morrer' - ou quase isso, 'explodindo'; e sua matéria constituinte é então espalhada pelo Universo, permitindo a concepção de novos mundos, na vizinhança galáctica. Não agradeça ao personagem mítico 'Cristo':

> *Foram as estrelas que deram a vida por você. Elas precisaram morrer para que a Terra, os Seres Vivos e o Homem pudessem ter uma chance. O Universo é incalculavelmente e 'suficientemente' pródigo. Não precisamos de deuses vingativos!*

E hoje podemos presenciar e *'entender'* estas magníficas explosões que denominamos de *Supernovas*. Depois de 7 ou 8 bilhões de anos em explosões, enriquecimento e diversidade atômica no Universo, em particular na vizinhança da *Via Láctea*, o acontecimento espetacular que acabamos de descrever, daria origem à nossa estória, e definiria o nosso *"endereço cósmico"*:

> *"Uma estrela indistinta, o Sol, nascido em uma região indistinta, conhecida como 'o Braço de Órion', em uma galáxia indistinta, a Via Láctea, em uma parte indistinta do Universo, o Superaglomerado de Galáxias de 'Virgem' [...] Gosto de pensar nisso como um endereço cósmico." – Neil deGrasse Tyson*

A nuvem de gás que produziu o Sol trazia um enorme suprimento de elementos pesados, capaz de produzir um sistema planetário, o Sistema Solar - além de 10 mil asteroides e trilhões de cometas. Em um Universo amplamente dominado por Hidrogênio e Hélio, tudo o que poderíamos esperar, e tudo o que necessitávamos, eram elementos mais pesados - toda a Tabela Periódica. Rochas, oceanos, pessoas, celulares, dependem da Tabela Periódica.

O nascimento da Terra foi turbulento e infernal, e durante 600 milhões de anos o bombardeio de detritos resultantes da formação do Sistema Solar foi intenso, além do ataque de asteroides e cometas. Os choques destes detritos serviam para aniquilar, com o calor gerado, todas as moléculas que ousaram um passo de sofisticação.

O nosso planeta exibe cicatrizes inconfundíveis de colisões com asteroides e cometas, muito embora, hoje, um elegante manto biológico e mineral trate de cobrir estas feridas com rios, mares, lava, vegetação, sedimentação, etc. O músico e compositor brasileiro Caetano capturaria a POESIA DA REALIDADE nas seguintes reflexões:

> *"Quando eu me encontrava preso*
> *Na cela de uma cadeia*
> *Foi que vi pela primeira vez*
> *As tais fotografias*
> *Em que apareces inteira*
> *Porém lá não estavas nua*
> *E sim coberta de nuvens.*
> *[...]*
> *De onde nem tempo, nem espaço*
> *Que a força mãe dê coragem*
> *Prá gente te dar carinho*
> *Durante toda a viagem*
> *Que realizas do nada*
> *Através do qual carregas*
> *O nome da tua carne.*
> *[...]*
> *Terra! Terra!*
> *Por mais distante*
> *O errante navegante*
> *Quem jamais te esqueceria?*
> *Terra! Terra!" – Caetano Veloso*

A Lua, porém, não dispõe de maquiagem. E como pudemos viajar até lá e retornar o seu material, podemos nos acercar em entendimento deste horizonte de eventos geológico, com paralelos em nossa própria história e na história do Sistema Solar.

Mas os choques incessantes serviram também para produzir certo incremento de temperatura, contribuindo para esterilizar a superfície. Embora dispuséssemos dos ingredientes necessários, por longos 600 milhões de anos, não pudemos originar o que chamamos de vida. Havia água e moléculas orgânicas, mas a Terra era completamente estéril pelo calor – como Vênus.

O bombardeio arrefeceu, a disponibilidade de detritos baixou, e as moléculas complexas começaram a vicejar em nosso jovem planeta. Havia água, e haviam condições contingentes, afinal se estivéssemos muito perto do Sol a água seria facilmente evaporada, por outro lado, se estivéssemos muito longe, toda a água congelaria. Estávamos na zona habitável do Sistema Solar, tínhamos a temperatura adequada, água, e ingrediente atômicos e moleculares para a vida. Em nossos ricos oceanos, através de mecanismos profundamente estudados por nossos biólogos, a vida então emergiu.

Matéria inorgânica foi então ordenada como vida orgânica. Este processo consumiu cerca de 200 milhões de anos, desde o fim do bombardeio pesado até os primeiros fósseis – há 3,8 bilhões de anos atrás. Há 4,6 bilhões de anos a Terra se forma, há 4,0 bilhões de anos cessa o bombardeio, a 3,8 bilhões de anos começa a vida. A vida surge com organismos unicelulares muito simples, anaeróbicos, afinal não havia oxigênio, e *prosperaram na atmosfera rica em dióxido de carbono, vital para a vida na Terra*. Esta vida primitiva liberava oxigênio como produto residual, e ironicamente viriam a morrer intoxicadas e envenenadas em seus próprios 'excrementos'.

Oxigênio é mortal quando você é um ser anaeróbico, e vital quando você é um ser aeróbico. O oxigênio é extremamente corrosivo e terrível se você não dispõe, em sua constituição orgânica, de uma bactéria mutante, mais conhecida em nosso organismo como 'mitocôndria' - responsável por processar este oxigênio e tranformá-lo em energia útil. A mitocôndria é a 'bateria' de toda célula de todo ser vivo aeróbico. Após assustadora mortandade que aniquilou a maior parte da vida no planeta, a geração sobrevivente prosperou sobre o 'veneno' chamado 'oxigênio'.

Este oxigênio disponível na atmosfera não somente possibilitou a vida aeróbica em sua forma molecular para o gás oxigênio 'O_2', mas também constituiu um importante filtro para a perigosa radiação solar ultravioleta em sua forma como gás ozônio 'O_3'. Fótons de luz ultravioleta tem energia suficiente para quebrar moléculas, sendo, pois, hostil à estabilidade da vida. Mas outro elemento garantiria a incrível diversidade da vida em nosso planeta: o Carbono. O Carbono também é abundante no Universo, sendo também fabricado pelas estrelas. E faço coro mais uma vez com os pawnees: *somos 'definitivamente' feitos de estrelas, e estamos aqui para testemunhar o Universo e contar o tempo.*

Nenhum elemento da Tabela Periódica é mais profícuo à vida orgânica do que o *Carbono, nem se juntássemos as moléculas formadas por todos os demais elementos*. Trata-se de um elemento químico fértil quando pensamos na vida orgânica. Quando encaramos a diversidade da vida, e mais uma vez, devemos isso à disponibilidade do Carbono. A vida que conhecemos está baseada em Carbono. *Mas a vida é frágil, tênue.*

Já não recebemos a visita tão frequente de asteroides como antes, mas eles estão aí, e chegarão até nós, podendo alterar subitamente todo o nosso ecossistema. Há 65 milhões de anos um asteroide de apenas 10 km de diâmetro chocou-se com Terra, onde hoje está a Península de Yucatán, produzindo uma cratera de 200 km de diâmetro. Tudo o que estava por lá foi aniquilado. Trilhões de toneladas de matéria foram lançadas na atmosfera, bloqueando a luz do Sol e destruindo assim a base da cadeia alimentar. 70% de toda a vida na Terra foi extinta, incluindo os nostálgicos dinossauros que aprendemos a admirar, amar e respeitar.

Mas alguns animais sobreviveram, como o *mussaranho*, que vivia subindo e descendo de árvores e tentando não ser devorado por um *T-Rex*. Esta linhagem originou todos os mamíferos que se seguiram, e todos os mamíferos existentes, graças ao fato de que os seus poderosos predadores naturais já não podiam incomodá-los. Uma desgraça para os *dinos* e uma oportunidade para os mamíferos. Os *mussaranhos* dispunham de regulação térmica, e agora, além de tranquilidade, dispunham de todo um ecossistema, e vasto repertório de alimentos.

E então, uma ramificação destes mamíferos viria a originar os primatas, assim como uma ramificação dos primatas viria a originar o *Homo Sapiens* e seus grandes e evoluídos cérebros. Uma diferenciação em inteligência, que conforme intuiu Darwin, seria de grau e não de tipo. Esta espécie inventou ferramentas, instrumentos de investigação e o Método Científico, para chegar até a Astrofísica, e assim deduzir sobre a Evolução do Universo. 'Sim' o universo teve um início, 'sim' o Universo continua evoluindo, 'sim' cada átomo no Universo e em nossos corpos é *rastreável* até o Big Bang, e até a fusão termonuclear que ocorre nas estrelas - e cuja diversidade provém de estrelas com maior massa, e é de tal diversidade que depende a VIDA. A nossa vida!

"*Não estamos apenas no Universo, somos parte dele.*" – De Grasse.

Nós nascemos deste Universo e fomos dotados por ele mesmo da capacidade de penetrá-lo em compreensão - talvez indistintamente. E de certa forma estamos apenas começando esta jornada. Muitos estão longe demais, sequer, de entender que existe algo a ser entendido.

Epílogo: *Ex Nihilo* - Um Universo que veio do Nada

O ponto de partida nesta jornada é o mistério; aliás, este sempre é o ponto de partida para que a Ciência possa tornar conhecido o que antes era desconhecido. **Inexplicado sim, inexplicável não.** Esta é uma viagem 'pra cima', e em duplo sentido. Vamos aos céus, acima, e por toda parte; vamos alçados, degrau por degraus, aos ombros de gigantes. Lá do alta, acima, poderemos entender o que existe acima de nossa tênue percepção.

Leibniz, sempre ele, tinha outras ideias em mente, pretendendo estancar qualquer investigação, pela tácita aceitação de uma origem mágica e inescrutável para o universo: DEUS.

"Querer que uma determinação venha de uma plena indiferença absolutamente indeterminada é querer que ela venha naturalmente do nada. Supõe-se que Deus não concede essa determinação; portanto, ela não tem origem na alma, nem no corpo, nem nas circunstâncias, já que se supõe que tudo é indeterminado. E ei-la entretanto que aparece e que existe, sem preparação, sem que nada leve a ela, sem que um anjo, sem que Deus mesmo possa ver ou fazer ver como ela existe. Isso não é apenas sair do nada, mas sair do nada por si mesmo."
(Théodicée, 320)

Tranquilitas non Libertas. Tranquilitas non Veritas. Havia clamores de liberdade, e um irrefreável amor pela verdade. Outros homens, antes e depois de Leibniz, tinham outras ideias em mente. E é exatamente isso que pretendemos aqui. Demonstrar que o Universo veio do nada e por si mesmo. A tarefa era impossível para homens que:

"[...] desde a minha juventude, o meu grande objetivo foi trabalhar para a glória de Deus pelo desenvolvimento das ciências que, melhor que qualquer outra coisa, revelam o poder, a sabedoria e a bondade divinas." (carta ao Conde Golofkin, de 16 de Janeiro de 1712)

Estas palavras foram escritas pelo apodítico e *sofismático* gênio matemático pouco antes da sua morte; em outras palavras, o conhecimento do Universo conduz necessariamente ao reconhecimento de Deus. Leibniz foi um mestre na arte da controvérsia, e uma vítima do temor causticante de deus. Mas isso não era problema para homens obstinados, que pretendiam a consciência, a coerência, a verdade; *desejosos por 'saber como', afim de que vivamos melhor e por mais tempo*. O que é diametralmente oposto ao caráter estéril da religião, onde segundo Lawrence Krauss:

> *"[na religião] a excitação está em saber de tudo sem saber de nada." – Lawrence Krauss*

Vamos à realidade. Vamos contar aqui, o resumo desta saga.

> *"Por religião, então, eu entendo a propiciação ou conciliação de poderes superiores ao homem que se crê para dirigir e controlar o curso da natureza e da vida humana." - Sir James George Frazer*

> *"Enquanto o cérebro for um mistério o universo será também um mistério." - Santiago Ramón y Cajal*

Voltando à Einstein, em sua noite gloriosa e sombria, um incômodo aguava sua celebrava. ele ainda precisava lidar com a constante cosmológica, e pode ter considerado algo como: *'preciso que me livrar disso, essa é uma pedra em meu sapato, uma verdadeira gafe'*. Mas o problema aqui é que ele não podia se livrar deste *'encosto'* tão facilmente. Não podia simplesmente dizer *'ei galera, esqueçam isso, apaguem da equação'*. Usando um pequeno truque ou *'milagre'* da *Matemática Moderna [sic]*, podemos rescrever esta equação passando a Constante Cosmológica para o lado direito, mas *"este pequeno passo para um Matemático é na verdade um salto gigantesco para um Físico"* (Krauss); não porque seja difícil calcular esta constante, mas porque do lado direito da equação a constante cosmológica passa a estar relacionada ou *'somada'* ao *Momentum de Energia do Universo*. E *'fisicamente'* falando esta constante passa a não representar absolutamente *'nada'*.

> *"E por nada eu não quero dizer nada, e sim NADA [grifo meu]" – Krauss.*

Se você considerar o espaço *'vazio'*, isto é, eliminando toda e qualquer partícula disponível no Universo, toda a radiação, absolutamente *'tudo'*, ou seja *'não há nada lá'*; e se você tomar este espaço vazio e pesá-lo, e puder medir alguma coisa, então esta será a contribuição de uma constante como essa. Mas isso soa ridículo. *Porque o 'nada' deveria pesar alguma coisa? Nada é nada.*

> *"A resposta é que nada, não é mais o nada, na Física." – Idem*

Em função das leis da Mecânica Quântica e da Relatividade Especial, e considerando escalas muito pequenas, infinitesimais, o *'nada'* é realmente uma agitada e fervente sopa de partículas *'virtuais'*, pipocando para dentro e para fora da existência, em escalas de tempo tão curtas que *não podemos 'vê-las' ou medi-las com facilidade. E isso soa como Filosofia ou como Religião, como contar anjos na cabeça de um alfinete, ou como algo inútil.* E o ponto aqui é que não podemos medir partículas virtuais *'diretamente'*, mas apenas inferir sua existência a partir da medição de efeitos *'indiretos'*. E de fato tais medições *'indiretas'* estão entre as maiores conquistas da Física.

Consideremos por exemplo, uma *'animação gráfica'*, exibida durante uma cerimônia de entrega do Prêmio Nobel, mostrando *'a variação do espaço vazio dentro de um próton', ou 'o espaço vazio entre os quarks'*. Este nível de profundidade é excepcional. Trata-se apenas de uma animação, uma animação decorrente de cálculos Físicos, mas é assim que o espaço se parece. E como sabemos disso? Por um bom lote de razões. E existem imbecis torcendo pelas falhas, para dizer que Einstein estava errado, que era um *"palhaço"*, que *"não estudou"*, que *"a mecânica quântica é pura fantasia"*, e como se tudo isso não passasse de mero *constructo* – nos moldes aristotélicos.

A maior parte da massa do próton não vem dos quarks dentro do próton, mas do vazio entre os quarks. Este campo, pipocando para dentro e fora da existência, e entre o espaço de existência dos prótons, ou seja, este vazio é responsável por 90% da massa de um próton. E se os prótons e nêutrons são responsáveis pela massa dominante em seu corpo, então o 'espaço vazio' é responsável por 90% da massa de seu corpo. Então, estes espaços vazios são vitais para a Ciência, não apenas para entender os prótons, mas também os nêutrons e elétrons, e assim entender o átomo e toda matéria constituinte do Universo. E estes trabalhos tem sido responsáveis pela produção dos resultados mais precisos entre a teoria e a prática, em todo o *corpus* científico.

Não estamos falando em ficção científica, nem de mero constructo, estamos falando sobre nos tornar cientes da REALIDADE, pela prova. Estamos falando sobre *'endereçar a verdade'*. Estamos falando em precisões de dez casas decimais em Eletrodinâmica Quântica. Isso é realmente incrível. Sendo assim então vamos calcular a energia do nada onde não há nada mais. Mas na verdade há!

E seguindo este princípio, chegamos a um ponto bastante *'desagradável'*, de que a Energia no Vácuo é igual a 10^{123} multiplicado pela Energia de Toda a Matéria do Universo - sendo esta a pior predição em toda a História da Ciência. Ou seja, *chegamos à conclusão de que a energia no vácuo é um zilhão de vezes a energia de toda a matéria existente.* Nós calculamos que o espaço vazio deve ter uma energia de cerca de 120 ordens de magnitude a mais do que galáxias, estrelas, planetas, pessoas, plantas, *extraterrestres*, e tudo o mais que possa ser detectado no Universo. E se não fosse por isso, não estaríamos aqui. E por quê?

Os físicos *sabiam* que *deveria haver algo de errado nestes cálculos*, sendo este um tremendo enrosco para a Física Moderna – à época. Uma verdadeira aberração! Mas sabíamos, ou melhor, intuíamos que a resposta era zero, ou deveria ser. Estava na cara! *Afinal esta era a única resposta cabível.* Mas você não pode anular um número como este num passe de mágica.

Suponhamos, por exemplo, que a energia do espaço vazio fosse exatamente a mesma energia de toda a matéria, então teríamos que anular todo este número, com um número com 120 casas decimais. *Mas zero era um lindo número, e implicava em simetria.* Vemos coisas se anulando e simetria exposta por toda a natureza. E por que não aqui? Não sabíamos como buscar esta simetria, mas sabíamos que havia algo errado e que zero era a resposta.

Mas estamos nos domínios científicos, e ciência presume confrontar hipóteses com fatos, com medições, com dados experimentais, empíricos. E não podíamos dormir tranquilos com um barulho como esse. Então nos restava testar a energia do espaço vazio. Mas como pesaremos o universo? Como poderemos nos erguer aos ombros de gigantes para cumprir esta missão? E esta tarefa coube a alguém realmente à altura desta hercúlea missão: Tycho Brahe.

Brahe, como todos sabem [sic], lançou as base para as Leis de Newton, não fazendo nada além de permanecer deitado por 20 anos, observando os céus. Não sabiam disso? Brahe também foi um desprezível senhor feudal, tendo sido chutado da ilha de Hven – onde uma estátua *'sem o nariz'* foi erguida em sua homenagem -, hoje pertencente à Dinamarca. Sua vida é cercada e sulcada por fatos grotescos e heroicos, que já foram narrados nesta obra.

Mas enfim, o que estas disputas medievais, na virada do Século XVI, podem nos dizer sobre o peso do Universo? Kepler, sem computadores, levaria mais 20 anos para interpretar os dados de Brahe, até sair com as suas famosas Leis de Kepler, que finalmente nos levariam a Galileu e às Leis de Newton - e sua *Gravidade Newtoniana*. Mas o ponto é, *'podemos usar a gravidade para pesar o Universo, incluindo os espaços vazios'?* Sim, agora é possível, e graças à Cosmologia.

A Relatividade Geral nos diz que o espaço é curvo; neste estado de coisas, podemos inferir três geometrias para Universo, respectivamente batizadas por: Universo Aberto, Universo Fechado, e Universo Plano. Sem espaço para maiores aprofundamentos e atendo-me aos limites deste livro, podemos afirmar que:

*(1) No **Universo Aberto** nos estenderíamos infinitamente - assim como no Universo Plano -, o que não soa muito bem, embora isso seja irrelevante;*

*(2) O que é realmente relevante é que o Universo está repleto de matéria, de forma que um **Universo Fechado** deveria expandir-se até 'parar', e regressar em um 'Big Crunch'. Se o Universo fosse Fechado, ao olharmos muito longe em uma direção, veríamos 'a nossa própria nuca';*

*(3) E um **Universo Plano** também deveria expandir-se indefinidamente enquanto desacelera – sem nunca parar por completo;*

E isso nos leva à questão: *em que tipo de Universo nós vivemos?* Responder a esta questão nos leva consequentemente a saber 'como tudo isso vai acabar', ou 'como o universo vai terminar', e qual será o verdadeiro 'apocalipse'. E *'pesar'* o Universo também nos ajudará a *inferir sobre sua curvatura*. E foi assim que a Cosmologia mudou para sempre a nossa compreensão do Universo, respondendo a estas fulgurantes questões.

Vale notar que o amplo desconhecimento por parte dos filósofos sobre a jornada Cosmológica recontada e remontada por gigantes da Física, permitiu que a *Metafísica* transformasse em matéria filosófica e assunto insondável o que reside atualmente em nosso *corpus* de conhecimento corrente. A *Metafísica* apenas colocou mal as questões; e seria preciso efetivamente enuncia-las, livrando-as do desespero de crer, ou da ansiedade em arbitrar, para que o *'inexplicável'* fosse convertido em *'inexplicado'*; e deste estado para matéria devidamente esclarecida e comprovada, e, portanto, perene nos livros de Física que serão escritos pela humanidade de hoje em diante! Estes livros serão reeditados, assim como as fronteiras deste conhecimento serão reposicionadas em matéria de precisão e refinamento, mas a verdade já está endereçada aqui.

E aqui uma nota da maior importância:

> *Entende-se por Metafísico o que está além do 'físico'. Mas quando 'metafísicos' ignoram o que é de fato 'físico', tudo o que parecerá matéria de sua alçada não passará de demonstração cabal de sua ignorância. A Metafísica surge da ignorância e da pressa em determinar o que 'ainda' está 'inexplicado' como 'inexplicável'. A Metafísica é um flagrante lote de questões mal colocadas, precipitada pelo desespero de crer, e pela autoridade que busca estabelecer os limites do entendimento com base nos limites de 'seu entendimento'. Podemos esperar para saber, aprender, ou calar; postular asneiras jamais. Ou a Filosofia entende a questão ou viverá da reedição de monografias que desfilaram absurdos mais ou menos empolados.*

Contrariando os dogmas filosóficos e religiosos, contrariando a perfeição *platônico-aristotélica*, e seu decorrente *sincretismo filosófico-teológico pelo batismo agostianiano-aquiniano*, devemos começar por esclarecer que:

> Hoje sabemos que este Universo não é um presente dos 'deuses', sendo, pois, o pior cenário possível para se viver. 'Deus' já não está em questão aqui, e isso porque este aprendiz de 'designer', este trapalhão, precisaria de muito aprendizado, se pretendesse pôr em prática um novo Universo.

Por quê? Aos que esperam pelo juízo final, temos boas e más notícias. *As más notícias foram dadas por Paul Morand, afinal por que deveríamos esperar grande coisa do 'paraíso'? A boa notícia é que o 'apocalipse' deve demorar - MUITO!*

Consideremos uma imagem do Hubble, correspondente a um aglomerado de galáxias - qualquer um. Pois bem, cada ponto nesta figura espetacular, e vemos tantas destas belíssimas imagens pela Internet, são Galáxias. E cada uma destas maravilhosas galáxias está composta por centenas de bilhões de estrelas. Pare e pense um pouco sobre isso. Agora respire fundo antes de seguirmos. Muitas formas de vida ou até mesmo *'civilizações'* podem e devem estar dispersas por estes *'mundos potenciais'*. Quem sabe até civilizações com divindades e religiões? E civilizações que já não existem mais e há muito tempo. Civilizações que não estão neste *click*, mas vieram e se foram no intervalo de bilhões de anos *que nos separam destes 'mundos'*. Estamos mais uma vez olhando para o passado distante. Imagine uma imagem de três bilhões de anos atrás, e cuja luz apenas nos atinge hoje, de mundos que existiram enquanto a Terra era formada, e lutava para atingir a sua configuração atual.

Regressando desta viagem poética, podemos dizer que *aglomerados de galáxias* são as maiores concentrações de massa no universo, de forma que se pudermos *'pesá-los'* então podermos pesar toda a massa do Universo. E nós podemos pesá-los, e isso graças à Relatividade Geral. Isso porque em fotografias de *aglomerados* como essa, existe um fenômeno notável que Einstein previu pela primeira vez em 1937, embora tenha sido alegado, à época, que este fenômeno jamais seria corroborado experimentalmente – e mais este *'dogma'* subestimaria o nosso sentido de observação e a nossa capacidade *'intelectiva'*. Se olharmos para figuras com *aglomerados de galáxias* notaremos sempre galáxias em *tons azulados*. Este é um fenômeno conhecido como *'Lentes Gravitacionais'*. Este fenômeno foi previsto por Einstein, e corroborado pela observação moderna, e que hoje é muito bem entendido pela Ciência.

Einstein nos disse que: *a massa curva o espaço ao seu redor*. E se pensarmos um pouco, poderemos entender o que se passa, afinal temos galáxias em um plano que está à frente de outras, e uma luz muito forte partindo do fundo que passa por uma zona *'curvada'* por outra galáxia mais à frente. Este é o efeito conhecido como *Lente Gravitacional*, como em uma lente de aumento, onde a luz percorre uma curvatura ou caminho maior para passar. A massa pode curvar o espaço produzindo efeitos similares a lentes, aumentando a imagem, ou até repetindo esta imagem, como em um vidro quebrado. E é exatamente o que vemos em uma imagem de um aglomerado, onde todas as 'coisas' azuis que aparecem se referem à apenas uma galáxia localizada, por exemplo, há bilhões de anos atrás do aglomerado em primeiro plano.

Portanto, a gravidade pode distorcer tais imagens, aumentando, e multiplicando o que 'vemos'. Incrível! Mas é exatamente por entender a *Relatividade Geral*, que podemos eliminar estes desvios, e insistir na pesagem destes aglomerados de estruturas. Tony Tyson, hoje na Universidade da Califórnia, Campus Davis, trabalhou sobre estes modelos, identificando a massa contida em fotos do espaço. E o resultado mais chocante é que a maior parte da massa contida em seus resultados decorre do espaço entre as galáxias, e não nas galáxias em si. É de onde nada está brilhando que medimos a maior massa. E outros trabalhos corroboraram que existe 50 vezes mais massa no espaço vazio do que nas galáxias. E vem da perspicácia linguística científica, o misterioso termo: *Matéria Escura*.

Então sabemos hoje que cerca de 95% da massa de tudo o que podemos observar vem de coisas que não brilham. E existem muitas coisas que não brilham, e se apagarmos as luzes em uma sala as pessoas não brilharão - *como exceção dos moradores de 'Varginha' [sic]*. Podem ser fragmentos, planetas, asteroides, etc. Mas na realidade sabemos que não é por isso, e este livro não pretende explicar o porquê. A Cosmologia já descartou esta possibilidade. Nós sabemos, por exemplo, quantos prótons e nêutrons existem no Universo, porque já medimos isso, e sabemos que eles sã insuficientes para produzir toda esta Matéria Escura que espera por nós lá fora.

Desta forma, a Cosmologia e a Física de Partículas, voltam conjuntamente a sua atenção para um surpreendente e novo tipo de partícula elementar. Um tipo de partícula que está também bem aqui, e entre nós, e enquanto escrevo estas insistentes linhas. Um tipo de partícula que pode atravessar os nossos corpos. E estamos fazendo experimentos aqui na Terra para entender esta questão.

Evidentemente isso não nos remete ao devaneio dos fantasmas, espíritos, etc. Isso é loucura mesmo, ou charlatanismo, e está amplamente documentado pela História e pela Ciência. Embora oportunistas de carteirinha, e que deveriam ser enquadrados pelo artigo 171 do Código Penal, ou dirigidos ao atendimento Psiquiátrico pelo SUS – porque já não tem esperança –, insistam em pegar carona na Física Quântica e mesmo na Relatividade, para explicar seus truques ou justificar suas alucinações – o que lamento muito. Assim como Pio XII, escrevendo uma encíclica oportunista alegando que o Gênesis estava sendo provado pela Ciência com o *Big Bang* - ou seja *'FIAT LUX'* [*'faça-se a luz'*] -, os charlatões da paranormalidade aproveitam a cena para justificar suas práticas.

E existem os *neo-aristotélicos* que veem nisso tudo o *reavivamento* da figura do *éter 'empurrando flechas'* como mãos invisíveis - até que se cansem de empurrá-las, para que magicamente caiam. Não! Estamos falando de Ciência, de nos tornarmos cientes, e estamos falando das fronteiras do conhecimento humano.

Há alguns anos conheci uma mulher brasileira, residente na Itália, ex-*dançarina* de cabaré e com um currículo apinhado de mentiras e falsidades; que teimava em discutir Física Quântica comigo enquanto desconhecia as Leis de Newton, e não fazia a menor ideia do que era a Termodinâmica. Mas havia sido capaz de juntar um número considerável de baboseiras, seguindo uma receita clássica da crendice pseudocientífica, para criar sua própria seita: *'o Homem Quântico'*, ou algo que similar.

Ao final, e tendo empenhado muito de meu tempo com esta lunática, finalmente fui recompensado com um átimo de sua sinceridade. Após brigar com o seu amante, sócio, e benfeitor - que lhe havia proporcionado uma vida longe dos cabarés -, a dita *'guru quântica'* revelou como ela e o seu comparsa planejaram e executaram friamente um plano de enganar pessoas criando uma seita. E eu estava absolutamente certo desde o início. Não havia mais senão uma sopa de baboseiras, onde a palavra *'quântico'*, além dos termos *'iluminação'*, *'tempo de despertar'*, etc., desempenhavam papel essencial. Ela se dizia *'enganada'*, afinal teria participado ativamente da elaboração do *'negócio'*, que agora figurava somente em nome do seu cúmplice. Tudo muito sórdido, sujo, e verdadeiramente *'aterrorizante'*.

Mas, regressando à realidade, a partir dos trabalhos de Krauss, e medindo a matéria total - a matéria escura e a matéria normal ou consagrada -, pudemos calcular toda a matéria do Universo. E como a Física costuma batizar importantes números com letras gregas, batizamos com a letra *'ômega'* à 'razão entre a matéria total do Universo, dividida pela matéria necessária para fazer um Universo Plano – o limite entre o Universo Aberto e Fechado'. Se esta razão fosse menor do que '1' o Universo seria Aberto, e se 'ômega' for maior do que '1' então o Universo seria Fechado. E agora podemos medir, sem chances para equívocos, que existe apenas 30% de matéria no universo para compor um Universo Plano, incluindo a matéria escura.

Um fantástico experimento foi conduzido para medir a matéria escura, e levado à cabo em uma mina profunda para a necessária proteção contra raios cósmico, que sem dúvida estão agora mesmo atravessando o 'seu corpo'. Centenas e milhares destes experimentos estão sendo conduzidos em todo o mundo, mas neste caso um recipiente de 'Germânio' foi especialmente projetado pare este fim: 'ver' e medir apenas a matéria escura acondicionado em uma mina bem profunda. Sabemos que matéria escura não é interativa. E este recipiente funcionava como uma espécie de armadilha para matéria escura, e poderíamos capturar uma destas partículas ricocheteando por aí. E raramente uma destas partículas atinge o núcleo de um átomo de Germânio. Esta armadilha foi também resfriada até um milésimo de grau acima do zero absoluto – o que pode ser feito com 'relativa' facilidade pela Ciência Moderna.

O objetivo então foi 'capturar a matéria escura', esperando que uma destas partículas *rebatesse no núcleo de um átomo de Germânio, aquecendo com este impacto a armadilha em um milésimo de grau – e dispondo da necessária precisão para esta medição*. E existem experimentos como este sendo conduzidos por toda parte. Mas ainda não foi possível detectá-la.

Outra possibilidade excitante no meio científico vem do Grande Colisor de Hádrons em operação em Genebra, reproduzindo as condições no início do Universo, com a subsequente produção de partículas; e isso envolve também a investigação sobre a Matéria Escura.

Voltando ao problema com a razão entre a Matéria do Universo e a Matéria necessária para uma estrutura plana, o que nos leva à razão de 1/3, devemos ainda esclarecer *'por que uma razão objetivando um Universo Plano?'. Por que a Física Teórica apresentava boas especulações para tal.* Quais? Primeiro poderíamos apenas dizer que *um belo Universo deveria convergir para isso* - mas estaríamos postulando, filosofando, platonizando. E lá vem novamente a questão da perfeição, embora a perfeição platônica acondicionasse importantes doses de moralidade para o Universo; enquanto o que entendemos como belo nos remete apenas a equilíbrio e simetria. *E neste sentido, e objetivando a dita simetria, devemos nos recordar de que em um Universo Plano a energia total esperada seria precisamente zero* - e isso porque a Gravidade pode representar uma espécie de energia negativa, equilibrando a energia positiva da matéria.

E isso é pura Filosofia, ou Ciência Teórica, especulação teórica, muito bem dirigida por *éons* de conhecimento especializado e multidisciplinar – sem qualquer apelo à autoridade. *E se os teóricos estão fazendo as suas apostas, isso não implica em que aliviaremos nas provas. Não, nunca!* E existem outros Físicos Teóricos, assentados sobre outras hipóteses e teorias, e dispostos a desbancar teorias rivais. De qualquer forma, a competitividade humana se faz notar enquanto, bem ou mal, vasculhamos o Universo em busca da VERDADE.

O Universo seria simétrico, e em certa medida mais belo, se a energia total medida for igual a zero. E somente um Universo assim, poderia começar do nada. E isso é na verdade notável se considerarmos que as leis da Física permitem que o Universo comece do nada. Não precisando assim de *deidades*, e na verdade *de nada mais do que nada*. Vivemos em um Universo rigorosamente nascido do nada, ou da perturbação deste 'nada', ou da ruptura desta simetria. Do nada, de uma condição contábil de energia igual a zero. Bastariam flutuações quânticas para que Universos eclodissem. Mas se o Universo não fosse 'Plano' haveria energia em seu princípio - no início dos tempos; e uma ampla torcida espera por um *Universo Plano*, previsível, belo.

"Mas os malditos observadores vieram com o número errado." – Krauss

Sim, e este é o caso [sic]. Retomando a questão da curvatura do Universo, poderíamos especular: *como mediríamos a curvatura da Terra?* E considerando que não podemos simplesmente pilotar uma nave espacial dando a volta no Universo como uma espécie de Marco Polo espacial, então aqui vai uma dica muito simples: comecemos desenhando um triângulo e perguntando a um 'crente' sobre qual seria a soma dos ângulos (?). '180 graus', ok, muito bom! E isso ele também aprendeu com Euclides; mas em uma superfície curva a estória é bem outra, e é isso que está em jogo aqui. E neste caso esqueçamos os 'crentes', porque *eles consideram a Terra realmente plana*.

Então, estudando um pouco mais, descobrimos que poderíamos desenhar um triângulo diferente sobre a superfície da Terra. Como? Simples, desenhando uma linha que circunda a Terra pelo Equador, para depois estabelecer um ponto exatamente no Polo Norte – ou Sul -, e em seguida, tomando qualquer ponto sobre o Equador, traçando a partir de um ângulo reto uma linha até o Polo Norte; e do Polo Norte outra linha a partir de um ângulo reto até cruzar o Equador. Então teremos um triângulo sobre uma superfície curva, onde a soma dos ângulos para surpresa de qualquer 'crente' será de 270 graus. E ele ficará igualmente surpreso em saber que 'sim', a Terra é esférica, ou quase isso - mas nunca plana, como reza o Gênesis. Como disse anteriormente, Pio XII estava equivocado sobre a atualidade do Gênesis e sobre tudo mais.

Isso significa que, se fizermos um triângulo suficientemente grande sobre a superfície da Terra, poderemos medir a sua curvatura – sem dar a volta na Terra. E o interessante aqui é que, apesar de esta ser uma figura bidimensional, o mesmo raciocínio será válido para a curvatura tridimensional do Universo. Desta forma, se consideramos um triângulo referencial grande o suficiente, poderemos medir a curvatura do Universo. E nós fomos capazes, a Cosmologia foi capaz, na última década, de encontrar tal triângulo referencial, e grande o suficiente para que pudéssemos calcular a curvatura do Universo – sendo esta talvez a observação cosmológica mais importante dos últimos tempos.

A observação da Radiação Cósmica de Fundo, em todo o esplendor do espetáculo do Big Bang, pode ser considerada uma das muitas razões, e talvez a mais importante, para nos permitir afirmar, e de cara limpa, que tal evento realmente ocorreu. Este é um dos marcos para o que se segue. Consideremos que estamos observando o universo e procurando digamos por galáxias a um bilhão de anos luz de distância – há um bilhão de anos atrás. Mas, se sabemos que o Universo tem 13,73 bilhões de anos, se olharmos longe o bastante, deveremos ver o Big Bang, certo?

Mas jamais - de fato - poderemos ver até o Big Bang; isso porque estamos separados deste evento por uma parede através da qual não podemos olhar - por sua conformação *'opaca'*; uma parede de luz! Mas se olhássemos para trás desta parede veríamos que o Universo estaria ficando mais e mais quente, até chegarmos à idade de apenas 11.000 anos, onde a temperatura média do Universo era de cerca de 2.730 graus – *um pouco mais quente do que Ribeirão Preto na semana passada [sic].*

A essa temperatura, a radiação seria suficiente para quebrar os átomos - e do Hidrogênio em particular. É com prótons e elétrons separados, temos o plasma carregado. E o plasma é opaco à radiação. Então não podemos olhar para trás no Universo e a partir deste tempo, simplesmente porque o que veremos será a opacidade do plasma, como uma fotografia com *estouro de luz.*

Vemos este livro e podemos ler o que escrevo porque a luz atravessa o ar e é refletida na superfície da página e nos caracteres impressos, sendo *re-erradiada* até os meus olhos, atravessando a transparência do ar até atingir o fundo de minha retina; e daí, a partir da *fotosensibilização,* e via nervo-ótico, todo um processo neural entrará em ação para a decodificação das bordas, depois dos símbolos, depois dos caracteres, das palavras, da língua e do significado, que comporá o significado do texto em minha mente, resultando em emoção e interpretação - e etc. e tal. Mas o importante aqui é que eu posso ver o livro através do ar. Neste ponto da história do universo, não podemos ver através do plasma opaco até que, caminhando em direção aos nossos dias, esta condição seja alterada, quando os prótons puderem capturar os elétrons neutralizando toda a opacidade e permitindo que exploremos sua história pregressa. A matéria estará 'neutralizada', e o espaço então se tornará transparente para esta radiação.

A *Teoria do Big Bang* nos diz então que devemos esperar por radiação vindo de todas as direções, e advindas deste tempo, e desta condição de Universo opaco, conhecida como *'Última Superfície de Espalhamento'*, quando repito: *o Universo contava uma temperatura média de 2.730 graus, que decaiu aos nossos dias, onde medimos -270,15 graus como temperatura média no Universo.*

Regressando uma vez mais à curvatura do Universo, precisamos postular ainda que: *segundo a Relatividade Geral, nada no Universo pode viajar acima da velocidade da luz.* E com isso podemos considerar a informação definida pela última superfície de espalhamento - na verdade algum tempo depois, 100.000 anos após o Big Bang -, estabelecendo *velas guias* em com três galáxias distantes um bilhão de anos luz de nossa observação; de maneira geométrica poderemos traçar um triângulo cósmico, encontrando como resultado que a superfície ou a curvatura do Universo em 100.000 anos de existência equivale a um grau.

Em um Universo Aberto, os raios de luz divergem enquanto você volta ao passado, e em um Universo Fechado, os raios convergem quando você volta no tempo. Então precisamos olhar para a radiação cósmica de fundo para checar quantos graus de curvatura medimos em 100.000 anos de idade.

Na última década isso foi possível. Este experimento foi chamado de *Bumerangue*, e foi realizado na Antártida. Um balão foi lançado levando um radiômetro acima da superfície da Terra para checar esta radiação e tirar uma foto dela. E este balão circundou o Polo Sul. A foto revelava o contraste entre a radiação de fundo e os agregados de matéria no início do Universo. Estas fotos foram comparadas com os modelos computacionais, para os três diferentes tipos de Universo esperados: Aberto, Fechado e Plano. E hoje sabemos, com precisão maior do que 1%, que o Universo é Plano; tem um total de energia igual a zero; e pode ter sido originado do nada. Lawrence Krauss escreveu um artigo a respeito, tendo recebido mensagens de ódio, principalmente parte dos apologetas que *'tudo sabem sem nada saber'*.

Mas como o Universo pode ser Plano? Se considerarmos a razão entre a matéria disponível e a matéria necessária para este feito, deveríamos admitir que só dispomos de 30% do necessário. Onde estão os demais 70%? Bem, se você tem energia no espaço vazio então ele deve pesar alguma coisa. Este é o espaço vazio entre as galáxias. Mas então o que seria do espaço vazio se pudéssemos colocar energia nele? Talvez produzisse uma constante cosmológica! *E isso faria com que a expansão não desacelerasse com o tempo - como um universo 'comportado' e conservador deveria ser; mas ao contrário, aceleraria com o tempo.*

E em 1988, cientistas trabalhavam com supernovas e medindo distâncias enormes com base em informações do Hubble, e usando o *Diagrama de Hubble*, na tentativa de calcular a desaceleração do Universo, quando descobriram exatamente o contrário: **o universo estava acelerando**. Os dados poderiam estar errados, e foram revisados, e mais e mais vezes, mas a descoberta foi confirmada. Sim, o Universo está ganhando velocidade, e acelerando. E então nos perguntamos: *quanta energia seria necessária no espaço vazio para que o Universo acelerasse? E a resposta foi assustadora, pois precisaríamos exatamente do montante faltante, dos 70% previamente calculados para compor um Universo Plano.*

Tudo se encaixa! *E a nova figura que emerge na Cosmologia Moderna é de um Universo que veio do Nada, baseado em nada, acelerado por nada, com energia total igual a zero. 70% da energia dominante no Universo reside no espaço vazio. A natureza de tal estado de coisas provavelmente reside na natureza do espaço-tempo, o que nos remete de volta à origem do Universo.*

E Krauss revive o passo de Copérnico, solapando o antropocentrismo do Universo; passo este consolidado e ampliado pelo Princípio que leva o seu nome, e erigido em sua homenagem:

> *"Isso completa de certa forma, o derradeiro Princípio de Copérnico, quando diz que vivemos em um lugar que não tem nada de especial."*

Plano, em expansão, vindo do nada, em direção ao nada? Não me parece tão efêmero - apesar dos predicados e de seus significados semânticos. Apenas neste ponto devo e vou discordar de Krauss: *o Universo quando visto de forma macro, e para todos os efeitos, é efêmero; mas habitamos uma 'porçãozinha' tal em um tempo tal, e apenas neste sentido, muito especial.* Afinal, e graças às condições especiais de que dispomos, representamos o entendimento e a memória deste feito – recontar a História do Universo. E este feito, este marco, é inigualável.

> *Somos os contadores da História de Tudo o Que Há, e somos o resultado dos desdobramentos deste próprio Universo sobre nós. Somos, assim como os nossos cérebros, constituídos de 'universo' - em sua forma particulada. Com bravura e paixão, por conseguinte, tais cérebros - repletos de 'universo' -, catapultados por seu destino genético, cego e evolucionário, processam contínua e paralelamente - como um grande organismo comunitário - a releitura desta mesma sinfonia 'universal'. Esta é a maior*

*façanha que poderíamos haver sonhado, imaginado ou almejado em nossa
tênue e frágil condição de mamíferos vertebrados.*

No final, tal simplicidade e elegância descortinam e revelam uma busca
espetacular e implacável, que, de certa forma, e mesmo diante de fronteiras
tão avançadas, jamais hão de cessar. Somos, pois, a memória do Universo. e,
paradoxalmente, estamos constituídos por ele!

Referências Bibliográficas:

Albert Camus; 'A Inteligência e o Cadafalso – e outros ensaios'; 2010;

Albert Camus; 'O Primeiro Homem'; 1994;

Albert Camus; 'O Estrangeiro'; 2011;

Albert Camus; 'Diário de Viagem'; 2004;

Albert Camus; 'O Homem Revoltado'; 2010;

Albert Einstein; 'Como Vejo o Mundo';;

Ana Beatriz Barbosa Silva; 'Mentes Perigosas'; 2008;

André Prous; 'O Brasil antes dos Brasileiros – A Pré- História do nosso País 2° Edição'; 2007;

Aristóteles; Ética a Nicomano;;

Arthur Schopenhauer;;;

António Damásio; 'O Erro de Descartes'; 2011;

António Damásio; 'E o Cérebro criou o Homem'; 2011;

António Damásio; 'O Livro da Consciência'; 2010;

António Damásio; 'Em busca de Espinosa: prazer e dor na ciência dos sentimentos'; 2009;

Bart D. Ehrman; 'Evangelhos Perdidos – As Batalhas pela Escritura e os Cristianismos que não Chegamos a Conhecer'; 2008;

Benedictus Spinoza; Ética; 2010;

Bertrand Russell; 'Porque não sou cristão'; 2011;

Bertrand Russell; 'Os Problemas da Filosofia'; 2008;

Bertrand Russel; ' Religión y Ciencia'; 1998;

Bertrand Russell; 'A Conquista da Felicidade'; 2002;

Bertrand Russell; 'História do Pensamento Ocidental'; 2001;

Betty J.Meggers; 'Amazônia – a ilusão de um paraíso'; 1987;

Blaise Pascal; 'Pensamentos'; 2004;

Brian Dunning; 'Skeptoid'; 2007;

Brian Greene; 'O tecido do cosmo – o espaço, o tempo e a textura da realidade'; 2004;

Cambridge University; 'Dicionário Filosófico'; 2011;

Carl Jung; 'Mysterium coniunctionis'; 1985;

Carl Jung; 'O Livro Vremelho'; 2010;

Carl Jung; 'O eu e o inconsciente'; 2011;

Carl Sagan; 'O Mundo Assombrado por Demônios - A Ciência Vista como uma Vela na Escuridão'; 1996;

Carl Sagan; 'Murmúrios da Terra: A Viagem Interestelar da Voyager'; 1978;

Carl Sagan; 'Os Dragões do Éden: Especulações sobre a Evolução da Inteligência Humana'; 1978;

Carl Sagan; 'Cérebro de Broca: Reflexões sobre o Romance da Ciência. Uma recompilação de artigos científicos'; 1979;

Carl Sagan; 'Cosmos'; 1980;

Carl Sagan; 'Pálido Ponto Azul'; 1994;

Carl Sagan; 'Bilhões e Bilhões'; 1997;

Carl Sagan; 'Variedades da experiência científica: Uma visão pessoal da busca por Deus'; 2006;

Carl Sagan, Ann Druyan; 'Sombras de Antepassados Esquecidos';2009;

Carl Zimmer; 'O Livro de ouro da Evolução – O Triunfo de uma ideia'; 2003;

Carlos Fausto; 'Os índios antes do Brasil'; 2010;

Carlos Castaneda; 'A erva do diabo'; 1968;

Charles Darwin; 'A Origem das Espécies; 2011;

Charles Darwin; 'A expressão das emoções no homem e nos animais'; 2012;

Charles Darwin; 'The Voyager of The Beagle'; 2006;

Charles Darwin; 'On The Origin os Species; 2006;

Charles Darwin; 'The Descent os Man'; 2006;

Charles Darwin; 'The Expression of the Emotions in Man and Animals; 2006;

Charlie Huenemann; 'Racionalismo'; 2012;

Chistopher Hitchens; 'Últimas Palavras'; 2012;

Chistopher Hitchens; 'Deus Não é Grande – Como a Religião Envenena Tudo'; 2007;

Chistopher Hitchens; 'O Cristianismo é Bom para o Mundo – Um Debate'; 2011;

Christopher Hitchens; 'Hitch-22'; 2010;

Christopher Hitchens; 'deus não é Grande'; 2007;

Christopher Tyerman; ' A Guerra de Deus – Uma nova História das Cruzadas V1'; 2010;

Christopher Tyerman; ' A Guerra de Deus – Uma nova História das Cruzadas V2'; 2010;

Claude Levi-Strauss; 'O Crú e o Cozido – Mitológicas Vol 1'; 2011;

Claude Levi-Strauss; 'Do Mel às Cinzas – Mitológicas Vol 2'; 2005;

Claude Levi-Strauss; 'A Origem dos Modos à Mesa – Mitológicas Vol 3'; 2006;

Claude Levi-Strauss; 'O Homem Nú – Mitológicas Vol 4'; 2011;

Claude Levi-Strauss; 'O Pensamento Selvagem'; 2005;

Cora Coralina;;;

Cris Anderson, David Sally; 'Os Números do Jogo'; 2013;

Daniel Dennett; 'Quebrando o Encanto'; 2006;

Daniel Dennett; 'Brainstorms - Ensaios Filosóficos sobre a Mente e a Psicologia'; 1999;

Darcy Ribeiro; 'O povo brasileiro'; 2010;

David Bohm; 'O pensamento como um sistema'; 2007;

David Eagleman; 'Incógnito – As Vidas Secretas do Cérebro'; 2011;

David Hume; Tratado da Natureza Humana; 2009;

David Hume; 'História Natural da Religião'; 2004;

David Salsburg; 'Uma senhora toma chá. Como a estatística revolucionou a ciência no século XX'; 2009;

Dean Buonomano; 'O cérebro imperfeito'; 2012;

Deborah Murrel; 'Superstições'; 2011;

Deonísio da Silva; ' A Vida Íntima das Frases'; 2009;

Deonisio da Silva; 'Palavras de Direito – O verdadeiro significado leva á clareza'; 2013;

Deus; 'Bíblia Sagrada Católica' - ebook; 2013;

Derren Brown; 'Trincks of the mind'; 2007;

Diane E. Papalia, Ruth Duskin Feldman; 'Desenvolvimento Humano'; 2013;

Diané Collinson; '50 Grandes Filósofos – Da Grécia Antiga ao século XX'; 2004;

Don e Petie Kladstrup; 'Vinho & Guerra – Os Franceses, os Nazistas e a Batalha pelo maior tesoura da França'; 2002;

Don e Petie Kladstrup; 'Champanhe- Como o mais sofisticado dos vinhos venceu a guerra e os tempos difíceis'; 2006;

Douglas Palmer; 'Evolução a História da Vida'; 2009;

Dover K.J.; 'A Homossexualidade na Grécia Antiga'; 1994;

Drauzio Varella; 'Por um fio'; 2010;

Drauzio Varella; 'Borboletas da Alma'; 2006;

Duane P. Schultz, Sydney Ellen Schultz; 'História da Psicologia Moderna'; 2009;

Eduardo Giannetti; 'Vícios privados, benefícios públicos? – A ética na riqueza das nações'; 2010;

Eduardo Giannetti; 'Auto-engano'; 2011;

Eduardo Giannetti; 'O Valor do Amanhã'; 2012;

Eduardo Góes Neves; 'Arqueologia da Amazônia'; 2006;

Edward Gibbon; 'Declínio e queda do Império Romano'; 2012;

Edward O. Wilson; 'A conquista social da terra'; 2013;

Edward O. Wilson; 'Diversidade da Vida'; 2012;

Eliade Mircea; 'História das Crenças e das Ideias Religiosas: Da Idade da Pedra aos Mistérios de Eleusis – Vol 1; 2010;

Eliade Mircea; 'História das Crenças e das Ideias Religiosas: De Gautama Buda ao Triunfo do Cristianismo – Vol 2'; 2011;

Eliade Mircea; 'História das Crenças e das Ideias Religiosas: De Maomé à Idade das Reformas – Vol 3'; 2011;

Eliade Mircea; 'O Dicionário das Religiões'; 1999;

Eric Kandel; 'Em Busca da Memória: O Nascimento De Uma Nova Ciência Da Mente'; 2009;

Fernando Reinach; 'A longa marcha dos grilos canibais'; 2010;

Florência Costa; 'Os Indianos'; 2012;

Francis Bacon; ' Da Proficiência e o Avanço do Conhecimento Divino e Humano'; 2006;

Friedrich Nietzsche; 'A Genealogia da Moral'; 2009;

Friedrich Nietzsche; 'A Gaia Ciência'; 2006;

Friedrich Nietzsche; 'Assim falou Zaratustra'; 2007;

Friedrich Nietzsche; 'Humano Demasiado humano'; 2011;

Friedrich Nietzsche; 'Além do Bem e do Mal'; 2010;

Galileu Galilei; 'Dialogo sobre os dois máximos sistemas do mundo ptolomaico e copernicano'; 2011;

Geoffrey Blainey; 'Uma Breve História do Século XX'; 2011;

Geoffrey Blainey; 'Uma Breve História do Mundo'; 2012;

Geoffrey Blainey; 'Uma Breve História do Cristianismo'; 2012;

Geoffrey Miller; 'Darwin vai às compras'; 2012;

Georges Canguilhem; 'Estudos de História e de Filosofia das Ciências- Concernentes aos vivos à vida'; 2012;

Georges Duby; 'Idade Média, Idade dos Homens'; 2011;

Gilles Deleuze; 'Espinoza e os Signos'; 1970;

Guimarães Rosa;;;

Hannah Arendt;' Origem do Totalitarismo';2012;

Harold Bloom; 'Abaixo as verdades sagradas'; 2012;

Harry Houdini; 'On deception'; 2011;

Heather Couper e Nigel Henbest – Prefácio de Arthur Clark - Larousse; 'A História da Astronomia'; 2009;

Herbert J. Klausmeier; 'Manual de Psicologia Educacional – Aprendizagem e capacidades humanas'; 1977;

Humberto Fontova; 'Fidel - O tirano mais amado do mundo'; 2012;

Ilya Prigogine e Isabelle Stengers; 'A Nova Aliança'; 1984;

Ilya Prigogine; 'From Being To Becoming'; 1980;

Ian Kersahw; 'Hitler'; 2013;

Immanuel Kant; 'Lógica'; 2011;

Immanuel Kant; 'Critica da Razão Pura';;

Jack Milles; 'Deus uma biografia'; 2009;

James Watson; 'DNA – O Segredo da Vida; 2008;

Jean Lefranc; 'Compreender Nietzsche'; 2005;

Jean-Paul Sartre; 'Diário de uma Guerra Estranha'; 1983;

Jerry Eagleton; 'Marxismo e a crítica literária'; 2011;

John Brockman e Katinka Matson; 'As coisas são assim – Pequeno repertório científico do mundo que nos cerca'; 2008;

John Maynard Smith, Eörs Szathmáry; 'As Origens da Vida'; 2007;

Jonathan Hill; 'A História do Cristianismo'; 2009;

Jorge G. Castañeda; 'Che Guevara: a vida em vermelho'; 2009;

Joseph Campbell; 'O Poder do Mito'; 1992;

Joseph Campbell; 'Jornada do Herói'; 2004;

Joseph Campbell; 'As Máscaras de Deus – Vol. 1; 2008;

Joseph Campbell; 'As Máscaras de Deus – Vol. 2; 2009;

Joseph Campbell; 'As Máscaras de Deus – Vol. 3; 2010;

Joseph Campbell; 'As Máscaras de Deus – Vol. 4; 2011;

Judith Rich Harris; ' The Nurture Assumption'; 2009;

Judith Rich Harris; 'Não há dois iguais – Natureza Humana e Individualidade'; 2007;

Kai Buchholz; 'Compreender Wittgenstein'; 2006;

Karen Armstrong; 'Em nome de Deus – O Fundamentalismo no Judaísmo. No Cristianismo e no Islamismo'; 2009;

Karl Marx; 'Miséria da Filosofia'; 2008;

Karl Marx e Engels; 'Manifesto do Partido Comunista'; 2010;

Karl Popper; 'O Mito do Contexto-Em defesa da Ciência e da Racionalidade'; 2009;

Karl Popper; 'A Lógica da Pesquisa Científica'; 2007;

Karl Popper; 'Textos escolhidos'; 2010;

Karl Popper; 'A Sociedade Aberta e seus Inimigos'; -V1- 1998;

Karl Popper; 'A Sociedade Aberta e seus Inimigos'; -V2- 1998;

Laurence Gardner; 'A Origem de Deus'; 2011;

Laurentino Gomes; '1822 – Como um Homem sábio, uma princesa triste e um escocês louco por dinheiro ajudaram D. Pedro a criar o Brasil-um país que tinha tudo para dar errado'; 2010;

Laurentino Gomes; '1808 – Como uma rainha louca, um príncipe medroso e uma corte corrupta enganaram Napoleão e mudaram a História de Portugal e do Brasil'; 2007;

Leandro Narloch; 'Guia Politicamente Incorreto da História do Brasil'; 2011;

Leandro Narloch; 'Guia Politicamente Incorreto da América Latina'; 2011;

Leandro Narloch; 'Guia Politicamente Incorreto da História do Mundo'; 2013;

Leonard Mlodinow; 'Subliminar'; 2013;

Leonard Mlodinow; 'O Andar do Bêbado'; 2012;

Leo Huberman; ' História da Riqueza do Homem – Do Feudalismo ao Século XXI'; 2010;

Liao Yiwu; 'Deus é vermelho'; 2011;

Linda L. Davidoff; 'Introdução á Psicologia'; 1983;

Ludwig Wittgenstein; 'Tractatus Logico-Philosophicus'; 2010;

Ludwig Wittgenstein; 'O Livro Azul'; 2008;

Ludwig Wittgenstein; 'Investigações Filosóficas'; 1994;

Ludwig Wittgenstein; 'Observações sobre a Filosofia da Psicologia'; 2008;

Ludwig Wittgenstein; 'Crepúsculo dos Ídolos'; 2006;

Luigi Luca Cavalli- Sforza; 'Genes, Povos e Línguas'; 2003;

Maomé; Alcorão; 2005;

Marcel Souto Maior; 'Kardec A Biografia'; 2013;

Marcelo Gleiser; 'A dança do Universo'; 2010;

Marcelo Gleiser; 'Criação Imperfeita'; 2010;

Mário Quintana;;;

Mark Ridley; 'Evolução'; 2008;

Martin Cohen; 'Casos Filosóficos'; 2012;

Martin Cohen; '101 Problemas de Filosofia'; 2006;

Martin Cohen; '101 Dilemas Éticos'; 2005;

Marvin Harris; 'Vacas, Porcos, Guerras e Bruxas: Os Enigmas da Cultura"; 1978;

Matt Ridley; 'Genoma'; 2001;

Matt Ridley; 'A Rainha de Copas'; 2004;

Matt Ridley; 'O que nos faz humanos'; 2008;

Matt Ridley; 'The Origins of virtue'; 1996;

Mayana Zatz; 'Genética – Escolhas que nossos avós não faziam'; 2011;

McKeown J.C.; 'O Livro das Curiosidades Romanas'; 2011;

Michel Foucault; 'A coragem da verdade'; 2011;

Michel Onfray; 'Contra-História da Filosofia: 'A Sabedorias Antigas – Vol 1'; 2008;

Michel Onfray; 'Contra-História da Filosofia: O Cristianismo Hedonista – Vol 2; 2008;

Michel Onfray; 'Contra-História da Filosofia: 'Libertinos Barrocos – Vol 3; 2009';

Michel Onfray; 'Contra-História da Filosofia: 'Os Ultras das Luzes – Vol 4'; 2012;

Michel Onfray; 'Contra-História da Filosofia: Eudemonismo Social – Vol 5'; 2013;

Michel Onfray; 'A Potência de Existir'; 2010;

Michel Onfray; 'El Crepúsculo de um ídolo – La fabulación freudiana'; 2011;

Michel Onfray; 'Tratado de Ateologia'; 2007;

Michael Sandel; 'Justiça: o que é Fazer a Coisa Certa'; 2011;

Michael Sandel; 'O que o Dinheiro Não Compra, e os Limites Morais do Mercado'; 2012;

Michael Shermer, 'Por que as pessoas acreditam em coisas estranhas?';2011;

Michael Shermer, 'Cérebro e Crença'; 2012;

Mikhail Bakhtin; 'O Freudismo'; 2012;

Miguel Nicolelis; 'Muito além do nosso eu'; 2011;

Mircea Eliade, Loan P. Couliano; 'Dicionário das Religiões'; 2009;

Mircea Eliade; 'História das crenças e das ideias Religiosas*III – de Maomé á Idade das Reformas'; 2011;

Mircea Eliade; 'História das crenças e das ideias Religiosas*II – De Gautama Buda ao Triunfo do Cristianismo'; 2011;

Mircea Eliade; 'História das crenças e das ideias Religiosas*I – Da Idade da Pedra aos Mistérios de Elêusis'; 2010;

Norbert Elias; 'O Processo Civilizador- Formação do Estado e Civilização - V2'; 1993;

Norbert Elias; 'O Processo Civilizador – Uma História dos Costumes - V1'; 2011;

Norman Golb; 'Quem Escreveu os Manuscritos do Mar Morto?';
    1996;
Oliver Sacks; 'A Mente Assombrada'; 2013;
Oliver Sacks; 'O Olhar da Mente'; 2010;
Oliver Sacks; 'Enxaqueca'; 2010;
Oliver Sacks; 'Tempo de despertar'; 1973;
Oliver Sacks; 'Com uma perna só'; 1984;
Oliver Sacks; 'O homem que confundiu sua mulher com um chapéu';
    2011;
Oliver Sacks; 'Vendo vozes: Uma viagem ao mundo dos surdos';
    2010;
Oliver Sacks; 'Um antropólogo em Marte'; 2011;
Oliver Sacks; 'A ilha dos daltônicos'; 2010;
Oliver Sacks; 'Tio Tungstênio: Memórias de uma infância química';
    2011;
Oliver Sacks; 'Alucinações Musicais'; 2012;
Oxford University, 'Dicionário Filosófico'; 1997;
Pablo Neruda;;;
Paul Veyne; 'Quando o nosso mundo se tornou cristão'; 2009;
Paulo Dalgalarrondo; 'Evolução do cérebro'; 2011;
Pedro Paulo Funari; 'As Religiões que o Mundo esqueceu'; 2009;
Peter Gay; 'Freud – Uma vida para o nosso tempo'; 1998;
Philip J. Davis e Reuben Hersh; 'O Sonho de Descartes'; 1988;
Pierre Clastres; 'Arqueologia da Violência'; 2004;
Plínio Junqueira Smith e Waldomiro Silva Filho; 'Ensaios sobre o
    ceticismo'; 2007;
Platão; 'A República'; 2012;
Ramachandran, V.S.; 'Fantasmas no Cérebro: uma investigação dos
    mistérios da mente humana'; 1998;
Richard Dawkins, 'O Gene Egoísta'; 2010;
Richard Dawkins, 'O Capelão do Diabo'; 2005;
Richard Dawkins, 'O Relojoeiro Cego'; 2001;
Richard Dawkins, 'Deus um Delírio'; 2007;
Richard Dawkins, 'O Maior Espetáculo da Terra'; 2009;
Richard Dawkins, 'A Magia da Realidade'; 2012;
Richard Dawkins; 'A Grande História da Evolução'; 2009;
Richard Feynman; 'Lições de Física; 2006;
Richard Feynman; 'Física em Sete Lições'; 2007;
Richard Feynman; 'Lectures on Physics, 3 Vols – The Complete and
    Definitive Issue; 2005;
Roberts J.M.; 'O Livro de Ouro da História do Mundo'; 1998;
Robert Matthews; '25 Grandes idéias – Como a ciência está
    transformando nosso mundo'; 2008;
Rogerson J.W.; 'O Livro de Ouro da Bíblia'; 2002;
Santo Agostinho; 'Confissões'; 2002;
São Tomás de Aquino; 'Summa Theologica'; 2007;
Sam Harris; 'Carta a uma Nação Cristã'; 2007;
Sam Harris; 'O Fim da Fé'; 2007;
Sam Harris; 'A Paisagem Moral; 2013;
Samuel Noah Kramer; 'A História começa na Suméria'; 1997;
Sam Kean; 'O polegar do violinista'; 2012;
Sarah Bartlett; 'A Bíblia da Mitologia'; 2011;
Sergio M. Pagani, Antônio Luciani; 'Os Documentos do Processo de
    Galileu Galilei'; 1994;
Shlomo Sand; 'A Invenção do Povo Judeu'; 2011;
Siddharta Gautama; 'A Doutrina de Buda'; 2007;
Sigmund Freud; 'A Interpretação dos Sonhos'; 1997;
Sigmund Freud com os comentários de James Strachey; 'Estudos
    sobre a histeria: Josef Breuer e Sigmund Freud - 1893-1895';
    1996;
Sigmund Freud; 'O mal-estar na civilização'; 2011;
Sigmund Freud; 'Totem e Tabú'; 1998;
Sofia Vanni Rovighi; 'História da Filosofia Contemporânea – do
    século XIX a neoescolástica'; 2004;
Stephen Hawking e Leonard Mlodinow; 'O Grande Projeto';
Stephen Hawking; 'O Universo numa casca de noz'; 2002;
Stephen Jay Gould; 'A galinha e seus dentes'; 1992;
Stephen Jay Gould; 'A falsa medida do homem'; 2003;
Stephen Jay Gould; 'O Polegar do Panda'; 2004;
Stephen Jay Gould; 'Darwin e os Grandes Enigmas da Vida'; 1999;

Stephen Jay Gould; 'A montanha de Moluscos de Leonardo da Vinci';
    2003;Stone; ' O julgamento de Sócrates'; 2007;
Steven Pinker; 'O instinto da Linguagem – Como a mente cria a
    linguagem'; 2004;
Steven Pinker; 'Como a Mente Funciona'; 2007;
Steven Pinker; 'Tábula Rasa: a negação contemporânea da natureza
    humana'; 2002;
Steven Pinker; 'Do que é feito o pensamento: A língua como janela
    para a natureza humana'; 2008;
Steven Pinker; 'Os Anjos Bons de Nossa Natureza: Porque a
    Violência Diminui'; 2011;
Susan Blackmore; 'Conversaciones sobre la conciencia'; 2010;
Tereza Rodrigues Vieira, Luiz Airton Saavedra de Paiva; 'Identidade
    Sexual e Transexualidade'; 2009;
Thomas Bulfinch; 'O Livro de ouro da Mitologia – Histórias de
    Deuses e Heróis'; 2007;
Thomas More; 'A Utopia'; 2006;
Toby Green; 'Inquisição – O Reinado do Medo'; 2011;
Tzvetan Todorov; 'Os Inimigos Íntimos da Democracia'; 2012;
Umberto Eco; 'O Nome da Rosa'; 1980;
Umberto Eco; 'O Pêndulo de Foucalt'; 1988;
Umberto Eco; 'Como se faz uma tese'; 2010;
Umberto Eco; 'A História da Beleza'; 2006;
Umberto Eco; 'A História da Feiura'; 2007;
Umberto Eco; 'O Cemitério de Praga'; 2011;
Umberto Eco; 'Kant e o ornitorrinco'; 1997;
Umberto Eco; 'Cinco escritos morais'; 1997;
Umberto Eco; 'Entre a mentira e a ironia'; 1998;
Umberto Eco; 'A estrutura ausente'; 1968;
Umberto Eco; 'As formas do conteúdo'; 1971;
Umberto Eco; 'Mentiras que parecem verdades'; 1972
Umberto Eco; 'O super-homem de massa'; 1978;
Umberto Eco (co-autoria de Carlo Maria Martini); 'Em que creem os
    que não creem?'; 1999;
Umberto Eco; 'A ilha do dia anterior'; 1994;
Umberto Eco; 'Baudolino'; 2000;
Umberto Eco; 'A misteriosa chama da rainha Loana'; 2004;
Vários; 'A Evolução – Cartas seletas de Charles Darwin 1860-1870';
    2009;
Vários, 'Bíblia Sagrada'; 1993;
Vários; 'O livro negro da psicanálise – Viver e pensar melhor sem
    Freud'; 2011;
Vários; 'O Livro Negro do Comunismo';;
Vários; 'O Livro da Filosofia'; 2011;
Vários; 'O Livro da Psicologia'; 2012;
Vários; 'Truques da mente'; 2010;
Vários; 'Pensamento de Sócrates – Homem, conhece –te a ti mesmo';
    2005;
Vários; 'Fundamentos da Neurociência e do Comportamento'; 2000;
Vários; 'Psicologia Social Contemporânea'; 1998;
Vários - Jacopo Fo, Sergio Tomat, Laura Malucelli; 'O Livro Negro
    do Crsitianismo – Dois Mil Anos de crimes em nome de
    Deus'; 2012;
Vários; 'Mitologia'; 2007;
Vários; Dicionário Houaiss; 2009;
Victor Hellern, Henry Notaker, Jostein Gaarderr; 'O Livro das
    Religiões'; 2002;
Voltaire; 'Dicionário Filosófico'; 2006;
Xavier Rubert de Ventós; 'Deus entre outros inconvenientes'; 2011;
William James; 'A vontade de crer'; 2001;
William James; 'As Variedades da Experiência Religiosa: Um Estudo
    sobre a Natureza Humana'; 2007;
William James; ' Pragmatismo'; 2006;
William Shakespeare; 'Hamlet'; 2010;
William Shakespeare; 'Macbeth'; 2012;